Anche la jella, a lungo andare, si stanca…
Céline

Renato Di Lorenzo

Cassandra non era un'idiota

Il destino è prevedibile

 Springer

Renato Di Lorenzo

Collana *i blu - pagine di scienza* ideata e curata da Marina Forlizzi

ISSN 2239-7477

e-ISSN 2239-7663

Questo libro è stampato su carta FSC amica delle foreste. Il logo FSC identifica prodotti che contengono carta proveniente da foreste gestite secondo i rigorosi standard ambientali, economici e sociali definiti dal Forest Stewardship Council

ISBN 978-88-470-2003-0

e-ISBN 978-88-470-2004-7

DOI 10.1007/978-88-470-2004-7

Coordinamento editoriale: Barbara Amorese
Progetto grafico: Ikona s.r.l., Milano
Impaginazione: Ikona s.r.l., Milano
Stampa: GECA Industrie grafiche, Cesano Boscone (MI)

Springer-Verlag Italia S.r.l., via Decembrio 28, I-20137 Milano
Springer-Verlag fa parte di Springer Science+Business Media (www.springer.com)

Indice

Introduzione

La Pina disse a Fantozzi: "Io ti stimo moltissimo, Ugo". Ma non è di questo tipo di stima che si parla in questo libro. Piuttosto proveremo a rispondere a domande inquietanti del tipo: avrebbe Cassandra stimato correttamente il numero di fagioli presenti nel bottiglione di Raffaella Carrà? (comunque nessuno le avrebbe creduto). E ancora ci porremo domande ancor più inquietanti, tipo: ma esiste una cosa chiamata *destino*? O è solo un mito?

Narra la leggenda che Cassandra, troiana, appena nata fu portata insieme al fratello gemello Eleno nel tempio di Apollo ove trascorsero la notte. Al mattino furono ritrovati coperti di serpenti che, lambendo loro le orecchie, avevano dato loro il dono della profezia.

Secondo un'altra versione fu Apollo che, per averla, le donò la dote profetica ma, una volta ricevuto il dono, Cassandra rifiutò di concederglisi. Irato, Apollo le sputò allora sulle labbra e con questo gesto la condannò a restare per sempre inascoltata.

Era ancora una bambina quando, alla nascita del fratello Paride, predisse che lui sarebbe stato la causa della distruzione della città.

Priamo ed Ecuba ovviamente non le credettero, ma le credette Esaco, interprete di sogni, che consigliò ai sovrani di abbandonare il piccolo Paride sul monte Ida.

Così fu fatto, ma Paride si salvò e, quando divenne adulto, tornò a Troia per partecipare ai giochi. Durante la competizione fu riconosciuto dalla sorella che chiese al padre e ai fratelli di ucciderlo.

Ovviamente non fu ascoltata.

Fu anzi vituperata e il giovane Paride riprese il posto degno del suo rango.

Cassandra si scatenò poi a profetizzare sciagure su sciagure quando il fratello partì per raggiungere Sparta.

Predisse il rapimento di Elena e la successiva caduta di Troia.

Tutto inutile.

Ritenuta una delle più belle fra le figlie di Priamo ebbe diversi pretendenti fra cui si ricordano Otrioneo di Cabeso e il principe frigio Corebo, morti entrambi durante la guerra di Troia, il primo ucciso da Idomeneo l'altro da Neottolemo. Quindi un po' di jella è indubbio che Cassandra la portasse.

Quando il cavallo di legno fu introdotto in città, lei poverina si diede molto da fare per rivelare a tutti che al suo interno c'erano i soldati greci, ma… indovinate? Rimase inascoltata. Solo Laocoonte credette alle sue parole e si unì alla sua protesta, venendo per questo addirittura punito dal dio Poseidone che lo fece uccidere da due serpenti marini.

Ancora la jella in agguato.

Troia, come si sa, fu così conquistata dai greci, che le diedero fuoco e massacrarono i cittadini.

Anche Priamo morì, ucciso da Neottolemo.

Cassandra si rifugiò nel tempio di Atena ma fu trovata da Aiace di Locride che la stuprò.

Sembra un romanzo di Carolina Invernizio.

Trascinata via dall'altare, Cassandra si aggrappò alla statua della dea che Aiace, miscredente e spregiatore degli dei, fece cadere dal piedistallo.

È a causa di ciò che Atena punì tutti i principi greci, i quali non ebbero un felice ritorno a casa. Lo stesso Aiace fu punito da Atena e Poseidone con la morte.

Le peripezie di Cassandra però non sono finite: divenne infatti ostaggio di Agamennone e fu portata da lui a Micene. Giunta in città, profetizzò all'Atride (cioè ad Agamennone) la sua rovina, ma quest'ultimo non volle credere alle sue parole, cadendo così nella congiura organizzata contro di lui dalla moglie Clitemnestra e da Egisto, nella quale finalmente morì anche Cassandra.

Le sopravvive la *sindrome di Cassandra*, la condizione di chi formula ipotesi pessimistiche ma è convinto di non poter fare nulla per evitare che si realizzino. In politica ce ne sono parecchi esempi.

Si fa sempre un po' fatica – ovvio – a pensare che il mito racconti fatti realmente accaduti.

Infatti *non* sono realmente accaduti.

Ma è difficile che il mito racconti fatti totalmente *impossibili*.

Nessuno sa perché, ma il mito verte sempre intorno ad accadimenti che un giorno magari si riveleranno *un po'* veri. Non del tutto veri: solo *un po'*. Ma veri.

È così del resto anche per molte verità scientifiche, presagite nel passato, e verificate in seguito usando la fisica e le altre scienze che, sviluppate, sono poi state capaci di affrontarle.

È vero perfino per certe intuizioni come[1] l'ultimo teorema di Pierre de Fermat (1601-1665), scritto sul bordo dell'*Arithmetica* di Diofanto nel 1637 e dimostrato da Andrew Wiles (1953) nel giugno del 1993 con un apparato matematico mostruoso, per sviluppare il quale c'erano voluti più di trecento anni.

Sarà così anche per il mito di Cassandra?

Il mondo è (almeno un po') prevedibile?

E non parliamo della fisica, che l'evoluzione del mondo la sa prevedere, ahimè, con molta certezza e che è riuscita in qualche modo a rendere trattabili anche i fenomeni che parrebbero più elusivi, come quelli quantistici. Parliamo del mondo che ci sorprende ogni giorno: il sociale, il clima, perfino fenomeni inspiegabili che accadono nei laboratori che conservano gli standard dei pesi e delle misure o… in un campo di piselli.

Si comincia a pensare quindi che sia proprio così, che tutto ciò sia prevedibile.

Si tratta di capire in che modo e in che misura.

In ogni caso Cassandra non era un'idiota.

---

[1] Aczel A. A., *L'enigma di Fermat*, Il Saggiatore, 1998.

Nota

A Richard Feynman (1918-1988) una volta[2] fu richiesto da un membro del corpo docente del Caltech di spiegare perché le particelle con spin ½ obbediscano alla statistica di Fermi-Dirac. "Preparerò una lezione per matricole su questo argomento" rispose. Giorni dopo tornò dicendo: "Non ce l'ho fatta. Non sono riuscito a ridurre la spiegazione a un livello comprensibile da una matricola. Vuol dire che noi stessi non l'abbiamo ancora capito realmente".

Nello scrivere questo libro, come sempre mi sono sforzato di rispettare il programma di Feynman: se non si è in grado di spiegare le parti più complicate, senza quasi l'uso di formule, a una matricola universitaria, vuol dire che noi stessi non le abbiamo capite, e quindi occorre andare di nuovo a studiarle.

C'è un altro protocollo che secondo me un libro di divulgazione deve rispettare: se lo legge uno specialista, uno che sa tutto di quella materia, deve divertirsi anche lui scoprendo aspetti cui non aveva mai pensato, e non deve mai scrollare il capo pensando che si tratta di una gaglioffata. Pur nella semplificazione forzata, in altri termini, non si devono dire cose inesatte… e quando il tutto lo si riduce ai minimi termini, non è così semplice, credetemi.

Tutti i fogli di lavoro usati nel libro verranno inviati gratuitamente via email a chi ne farà richiesta all'autore: renato.dilorenzo1@gmail.com. È possibile utilizzare tali fogli di lavoro scaricando gratuitamente il software (freeware) OpenOffice dal sito: http://it.openoffice.org

---

[2] Feynman R. P., *Six Not-so-easy Pieces*, Penguin Books, 1997.

La matematica di un mondo elusivo

Se Cassandra avesse potuto *dimostrare* – magari usando un principio variazionale come ha fatto[1] Hamilton (1805-1865) nella prima metà dell'Ottocento per derivare in maniera semplice le leggi della dinamica – che il comportamento di Paride avrebbe portato alla distruzione della città di Troia… che problema ci sarebbe stato? Avrebbero fatto fuori Paride e tutto sarebbe finito lì.

Sarebbe rimasto solo un piccolo problema: le leggi *deterministiche* che in quel caso avrebbero predetto che Paride sarebbe stato la causa della distruzione di Troia… facendolo fuori *non* si sarebbero avverate.

Dal punto di vista logico questo non è un piccolo problema.

Per chi prevede catastrofi, la condizione necessaria affinché la previsione si avveri è che *non* venga creduto.

Lo potremmo chiamare *il paradosso di Cassandra*.

Cassandra quindi ha dovuto *prevedere*, perché il comportamento di Paride e ciò che ne è derivato, a priori non era affatto certo. Avrebbe potuto anche non accadere.

L'incertezza domina il mondo: questo lo sappiamo.

Se inserisco un voltmetro nella presa di corrente, trovo che segna 220 volt. Ma se guardo bene e se per comperare il voltmetro ho speso una cifra decente (quindi il voltmetro è buono), non segna *proprio* 220 volt: segna una 'nticchia di più o una 'nticchia di meno. E se ripeto l'esperimento, di nuovo non segna *proprio* 220 volt ma, e questa è la parte rilevante: il *proprio* di questa volta non è lo stesso *proprio* di prima. Gli errori sono diversi.

---

[1] Landau L., Lifchitz E., *Théorie du Champ,* Editions de la Paix, Moscou, 1965.

In pratica la cosa però non ci disturba: la lampadina della cucina, a giudicare da ciò che vediamo, fa sempre la stessa luce e il nuovo televisore HD ci mostra i mondiali di calcio nello stesso inviolato splendore.

Che il mondo sia dominato dal caso fa invece una grande differenza se ci viene voglia di giocare a dadi con nostro figlio puntando ogni volta dieci centesimi su un qualche numero. Il risultato dell'esperimento *lanciare un dado* è, come sappiamo, fortemente casuale, nel senso che è diverso ogni volta che l'esperimento viene compiuto.

Abbiamo fatto dunque una prima importante scoperta procedurale, cioè che per comprendere il mondo:

1. dobbiamo fare degli esperimenti annotandone ogni volta il risultato;
2. gli esperimenti debbono essere ripetuti perché
3. ogni volta il risultato è diverso.

Questo è ovviamente vero anche nell'ambito dei fenomeni che diciamo *deterministici,* ossia quelli i cui esperimenti danno sempre *lo stesso* risultato.

In realtà *non* danno sempre lo stesso risultato, solo che lo scostamento non ci dà nessun fastidio, neppure ce ne accorgiamo quando quel fenomeno lo utilizziamo per un qualche nostro scopo, e quindi è inutile complicarci la vita con la matematica dei fenomeni casuali.

Perché di questo si tratta: di una matematica costruita apposta per poterci lavorare, con questi fenomeni così elusivi.

Vediamo di che si tratta.

Lanciamo un dado e facciamolo molte volte di seguito annotando ogni volta qual è il numero che compare sulla faccia rivolta verso l'alto: questo è il nostro esperimento per comprendere il mondo (questa piccola parte di mondo che riguarda i dadi).

Sul nostro foglio di carta quadrettata o, meglio ancora, su un foglio di lavoro[2] riprodotto sullo schermo del nostro PC, otterremo in verticale una serie di numeri:

---

[2] Il foglio di lavoro che – lo ricordiamo – può essere richiesto all'autore insieme agli altri usati nel libro, si chiama *Processo Stocastico.*

2

3

3

2

4

4

1

Sappiamo tutti cosa succede se si va avanti: dato che ci sono 6 possibilità (cioè può comparire ogni volta un numero qualunque da 1 a 6), su 6.000 lanci io troverò che l'1 è uscito 1.000 volte e così il 2 e così ogni altro numero.

Lasciamo perdere, almeno per il momento, il fatto che, come è ovvio, *non* è vero che l'1 sarà uscito esattamente 1.000 volte, e così per tutti gli altri numeri. Diciamo che ci siamo andati talmente vicino che ci va bene così.

Ci interessa di più, invece, osservare che tutto ciò accade mentre noi abbiamo una fermissima convinzione: che se al primo lancio è uscito il 2, questo fatto non ha determinato in nessun modo il fatto che nel secondo lancio è uscito il 3 e che nel terzo lancio è uscito di nuovo il 3 e così via. In altri termini noi siamo fermamente convinti che nel secondo lancio, dopo che nel primo lancio era uscito il 2, avrebbe potuto uscire qualunque altro dei 6 numeri, incluso il 2 stesso.

Sarà proprio sempre così?

A una mente critica anche questo dubbio non può non venire.

Ma è presto per occuparsene.

Ce la caviamo in ogni caso dicendo che questo è il nostro modello del mondo in questa occasione: noi vogliamo capire cosa implica il fatto che ogni lancio del dado non influenza i lanci futuri.

Se le implicazioni di questo modello saranno in accordo – o almeno non saranno in contraddizione – con ciò che capita davvero nel mondo, noi saremo contenti, sennò dovremo rivedere le ipotesi che abbiamo utilizzato.

Se le cose stanno così, se il lancio di un dado non influenza in alcun modo quello successivo, noi possiamo studiare il fenomeno *lancio di un dado n volte* non solo lanciando lo stesso dado *n* volte di seguito, ma anche lanciando contemporaneamente *n* dadi identici. Se lo facciamo, annotando sul nostro foglio di lavoro i risultati, otterremo una sorta di matrice quadrata di questo tipo:

2	2	3	1	3	5	3
3	3	5	1	6	5	5
3	2	6	3	2	6	3
2	2	1	6	3	4	4
4	5	6	6	5	3	4
4	5	3	3	3	4	2
1	4	2	5	2	6	2

E non c'è nessun motivo, con le ipotesi che abbiamo fatto, che, se in 6.000 lanci successivi l'1 viene fuori 1.000 volte, lanciando 6.000 dadi contemporaneamente non ci siano 1.000 facce con il numero 1 rivolte verso l'alto.

Aggiungiamo un particolare: la frequenza con cui compare l'1 (o un altro numero) sia in una colonna sia in una qualunque riga è, come detto 1.000/6.000=1/6. Bene, noi diremo che 1/6 è la probabilità con la quale ci aspettiamo che quello stesso numero compaia in una qualunque sequenza di lanci *sufficientemente* lunga.

Questa valutazione della probabilità (detta *frequentistica*[3]) è in accordo numerico con la definizione classica di probabilità, quella di Laplace (1749-1827), che recita[4]:

la probabilità è il rapporto tra i casi favorevoli e tutti i casi possibili.

Se punto dieci centesimi sul 3, i casi favorevoli sono uno: che esca il

---

[3] Richard von Mises, *Probability, Statistics and Truth*, , 1957.
[4] Marquise de Laplace, *A Philosophical Essay on Probabilities*, Dover, 1951.

3, mentre i casi possibili sono 6; ergo la probabilità è ancora 1/6.

Dobbiamo qui fermarci un secondo e fare una considerazione. Riprenderemo presto il filo del discorso. Qual era – e qual è ancora – il significato spontaneo di *probabilità*?

Il contadino si alzava al mattino, vedeva il cielo rosso e pensava "oggi piove, *probabilmente*".

Di che cosa si trattava?

- Innanzitutto si trattava di una *previsione*, ma
- il contadino non avrebbe sprecato energie intellettuali a fare previsioni se non avesse avuto un senso farle;
- il senso era il seguente: in passato molto spesso, quando il cielo si era presentato rosso al mattino, in giornata aveva piovuto.

Quindi il significato spontaneo di probabilità è semplicemente il seguente: un certo evento in passato, in date circostanze, si è verificato un numero di volte superiore al numero di volte in cui non si è verificato, e quindi si presume che lo stesso accadrà in futuro. Quindi gli eventi del mondo sono regolari e ripetibili e ha ragione l'Ecclesiaste:

9   *Ciò che è stato sarà*
    e ciò che si è fatto si rifarà;
    non c'è niente di nuovo sotto il sole.

10   *C'è forse qualcosa di cui si possa dire:*
    «Guarda, questa è una novità»?
    Proprio questa è già stata nei secoli
    che ci hanno preceduto.

La definizione spontanea di probabilità è quindi quella che noi oggi chiamiamo *frequentistica*: un certo evento si presenta con più frequenza di un altro.

Poi però arriva Laplace.

Laplace costruisce in realtà un modello intellettuale non banale del mondo. La sua definizione di probabilità è sorprendente perché non ha nulla a che fare con quella frequentistica.

Lui ipotizza *il perché* del fatto che un evento si presenta nel mondo con frequenza maggiore di quella ascritta alla circostanza che non si presenti.

Ma non basta: lui *la quantifica* anche.

Torniamo infatti all'esempio dei dadi.

Se il contadino lancia un dado, mediante l'osservazione stabilirà che l'1 si presenta in media una volta ogni sei lanci. Laplace aggiunge: ovvio[5] che sia così, perché i casi favorevoli al presentarsi dell'1 sono uno su sei possibili. Chiaramente tutto si regge (se si regge) sul fatto che il modello di Laplace faccia previsioni accurate, che cioè, una volta fatti i calcoli col modello di Laplace, e una volta che si passi agli esperimenti, i risultati degli esperimenti diano una frequenza dell'accadimento coerente con quella calcolata, come deve esser vero per una qualunque teoria scientifica.

Dov'è la differenza operativa, però, tra il modello di Laplace e la nozione frequentistica spontanea?

Che la nozione frequentistica spontanea non fa fare molta strada, salvo l'annotazione storica degli eventi e l'esecuzione di pochi calcoli; il modello di Laplace invece consente di trarre conclusioni per esperimenti mentali molto più ampi.

Facciamo un esempio.

Supponiamo di inserire due palle distinguibili a e b in un'urna divisa in due celle. Non ci interessa l'ordine con il quale sono inserite. I casi possibili sono:

1. [ab|—]
2. [—|ab]
3. [a|b]
4. [b|a]

e quindi la probabilità che due palle stiano nella stessa cella sono 2/4=1/2, e questo risultato dovrebbe essere verificato se facciamo una serie di esperimenti, ovverosia: osservando quante volte le due palle

---

[5] A priori non è però per niente ovvio.

in esperimenti ripetuti sono finite in pratica effettivamente nella stessa cella, dovremmo trovare un numero molto simile a 0,5, che è la previsione teorica

Se però *ci interessa* l'ordine con il quale le due palle sono inserite, i casi possibili diventano 6:

1.[ab|—]
2.[—|ab]
3.[ba|—]
4.[—|ba]
5.[a|b]
6.[b|a]

e quindi la probabilità che due palle siano nella stessa cella senza tener conto del loro ordine[6] è 4/6=2/3.

In altri termini, quella di Laplace è una non banale *teoria scientifica*, un modello della realtà, un'ipotesi sul funzionamento del mondo.

Fatta questa osservazione, riprendendo il filo del nostro discorso, possiamo a questo punto fare un salto ardito, e dire che quando noi lanciamo un (solo) dado in sequenza (quindi ci muoviamo in verticale nella matrice), è come se il risultato fosse stato *tirato fuori* dalla riga orizzontale corrispondente che riporta *tutto ciò che può ragionevolmente succedere*.

Impareremo tra breve che l'informazione su *tutto ciò che può ragionevolmente succedere inclusa la probabilità che succeda* si chiama *densità di probabilità* (e *distribuzione di probabilità* il suo integrale).

Siamo quindi arrivati a rappresentare[7] questo aspetto elusivo del mondo dicendo che il lancio di un dado:

- è un *processo stocastico*, cioè formato da una sequenza di esperi-

---

[6] Ovviamente la probabilità che due palle siano inserite nella stessa cella, per esempio, nell'ordine ba è diversa: 2/6=1/3.

[7] W.B., Root W. L., *An Introducion to the Theory of Random Signals and Noise*, pp 38-39, McGraw-Hill, 1958.

menti successivi il cui risultato ha elementi di casualità di cui però conosciamo la distribuzione di probabilità;

- che i singoli risultati di ogni singolo esperimento, la cui sequenza costituisce il processo, sono una *variabile casuale*, che assume un valore imprevedibile a priori a ogni esperimento, pur nell'ambito dei valori che può oggettivamente assumere (per esempio un numero intero da 1 a 6 nel caso del lancio di un dado);

- ogni variabile casuale (cioè ogni risultato di ogni singolo esperimento) è indipendente da tutte le altre, nel senso che se un esperimento avrà come risultato un certo valore, ciò non pone alcuna ipoteca sul valore che uscirà nell'esperimento successivo;

- poiché le percentuali con cui compaiono l'1, o il 2, o tutti gli altri numeri presenti sulle righe orizzontali della nostra tabella (che, come detto, rappresentano tutto ciò che si sa di loro) sono identiche per tutte le righe, cioè per tutte le variabili casuali, ossia è identica la distribuzione di probabilità di tutte le variabili casuali, diremo che tali variabili casuali sono i.i.d. che sta per *independent and identically distributed*.

Bene: ci siamo. A questo volevamo arrivare, perché i processi che più sono stati studiati e che meglio si sanno maneggiare sotto il profilo analitico sono proprio quelli i.i.d, quelli cioè in cui il risultato di un esperimento non ha nulla a che fare con il risultato dell'esperimento precedente e che, per così dire, viene tratto fuori da un coacervo di possibili risultati che però hanno caratteristiche probabilistiche sempre uguali. Ogni volta che si lancia un dado, il risultato viene *estratto* da uno scatolone in cui ogni numero ha probabilità $1.000/6.000=1/6$ di venir estratto.

A completamento di quanto sopra, e solo per curiosità, va detto che un processo stocastico si può definire anche in un modo più diretto. Si consideri infatti di lanciare 6.000 volte un dado e si compili con i 6.000 risultati una colonna su un foglio di lavoro. Quindi si ripeta l'esperimento e si compili una seconda colonna di 6.000 risultati accanto alla prima, e così via fino a ottenere 6.000 colonne. La matrice quadrata che si ottiene si chiama *ensemble* dell'esperimento e definisce anch'essa il processo stocastico, perché è evidente che serve agli stessi scopi di quella che avevamo idealmente compilato in precedenza. A un occhio acuto non sarà però sfuggito il fatto che le due tabelle ideali sono equivalenti solo nel caso che gli eventi siano indipendenti l'uno dall'altro, perché i procedimenti fisici attraverso i quali sono state ottenute non sono per nulla identici. Nella seconda versione, infatti, non ci sono lanci di 6.000 dadi simultaneamente, ma si sono effettuati solo lanci successivi.

Consentitemi un'ultima definizione: nel nostro esempio abbiamo ipotizzato – in modo abbastanza ovvio – che la distribuzione di probabilità nei lanci contemporanei dei 6.000 dadi non cambiasse nel corso del tempo, ossia in tutti i lanci successivi. Nel caso del nostro esperimento è venuto abbastanza naturale, ma non è detto che sia un'ipotesi ragionevole per qualunque tipo di esperimento.

Bene, se tuttavia ciò accade, se cioè la distribuzione di probabilità delle nostre variabili casuali non cambia nei lanci successivi, diremo che il fenomeno è *stazionario*.

Cosa c'entra il lago Albert?

Abbiamo menzionato una cosa chiamata *densità di probabilità* (e il suo integrale, la *distribuzione di probabilità*).

Dobbiamo vederla più da vicino.

Dato che questo argomento sarà essenziale per noi nel prosieguo, ne approfittiamo per introdurre[1], nella colonna O della tabella[2] che segue, i miliardi di metri cubi di acqua defluiti dal lago Albert, al confine tra l'ex Congo Belga con l'Uganda, per alimentare il Nilo, dal 1904 al 1946:

Anno	O	D	Dcum.
1904	35	10,81	10,81
1905	31	6,81	17,63
1906	34	9,81	27,44
1907	33	8,81	36,26
1908	26	1,81	38,07
1909	29	4,81	42,88
1910	26	1,81	44,70
1911	22	(2,19)	42,51
1912	19	(5,19)	37,33
1913	20	(4,19)	33,14
1914	21	(3,19)	29,95
1915	24	(0,19)	29,77
1916	27	2,81	32,58

[1] H.E. Hurst, *Long-Term Storage Capacity of Reservoirs*, Transactions of the American Society of Civil Engineers, April 1951.
[2] Vedi foglio di lavoro *Deflussi dal lago Albert*.

Anno	O	D	Dcum.
1917	47	22,81	55,40
1918	48	23,81	79,21
1919	29	4,81	84,02
1920	23	(1,19)	82,84
1921	17	(7,19)	75,65
1922	13	(11,19)	64,47
1923	14	(10,19)	54,28
1924	18	(6,19)	48,09
1925	16	(8,19)	39,91
1926	19	(5,19)	34,72
1927	25	0,81	35,53
1928	21	(3,19)	32,35
1929	19	(5,19)	27,16
1930	21	(3,19)	23,98
1931	26	1,81	25,79
1932	28	3,81	29,60
1933	29	4,81	34,42
1934	23	(1,19)	33,23
1935	20	(4,19)	29,05
1936	20	(4,19)	24,86
1937	24	(0,19)	24,67
1938	26	1,81	26,49
1939	24	(0,19)	26,30
1940	20	(4,19)	22,12
1941	19	(5,19)	16,93
1942	29	4,81	21,74
1943	26	1,81	23,56
1944	18	(6,19)	17,37
1945	15	(9,19)	8,19
1946	16	(8,19)	(0,00)
Media	24,19		
Dev. St.	7,48		

Questi dati, ormai mitici, furono raccolti e studiati a suo tempo da un ingegnere che sapeva il fatto suo, Harold Edwin Hurst (1870-1978), per una faccenda di dighe, ossia per determinare l'altezza ottimale di una diga che interrompesse il corso del Nilo a valle del lago Albert, in modo da rendere le piene del fiume – che come si sa rendono fertile una gran parte del territorio attraversato – disponibili in maniera continuativa e costante per tutto il corso dell'anno, cosa che per via naturale ovviamente non accade, poiché si alternano periodi di siccità e di piogge costanti.

Ora, esiste un'altezza ottimale di una tale diga.

Se infatti la si fa troppo bassa il costo è limitato, ma in anni nei quali le piogge sono sopra la media si spreca l'acqua preziosa che, o supera il livello della diga precipitando autonomamente a valle e combinando magari dei disastri, o, perché ciò non accada, essa viene convogliata forzatamente a valle in misura maggiore di quanto sarebbe necessario, eventualmente anche in questo caso creando danni alle culture. Se, d'altra parte, la diga è troppo alta, si spreca il costo della costruzione di tutta quella parte che resta perennemente a secco.

Tanto per dare un'idea del procedimento usato dagli ingegneri, si calcola dapprima la cubatura media di acqua uscita storicamente nel corso degli anni (24,19 miliardi di metri cubi nella tabella del nostro esempio[3]) e si ipotizza che quello sia l'obiettivo di uscita costante da realizzare con l'aiuto delle dighe nel futuro. Sarebbe infatti irrealistico pensare di poter superare quel valore: le piogge in media non basterebbero e il livello del lago progressivamente negli anni si abbasserebbe. Sarebbe d'altro canto uno spreco puntare a ottenere un flusso in uscita che sia minore, perché l'obiettivo è quello di ottenere il *massimo* possibile flusso costante in uscita, visto che in quelle regioni l'acqua è un bene prezioso (per la verità negli ultimi tempi lo sta diventando ovunque).

Diciamo fin d'ora che in questo procedimento si è annidata una

---

[3] Ricordate che con un foglio di lavoro la media si calcola immediatamente usando la funzione =*MEDIA()*.

ipotesi, ossia che anche in futuro in media saranno ancora 24,19 i miliardi di metri cubi defluiti naturalmente a valle ogni anno dal lago Albert. In altri termini abbiamo supposto che il fenomeno sia (ricordate?) *stazionario*.

Ipotesi restrittive di questo tipo sono comuni nelle scienze, vuoi perché non si hanno i dati per poter fare delle ipotesi diverse, vuoi, a volte, perché non si possiede la teoria per trattarle. È quest'ultimo il caso, per esempio, per citare quello più familiare, delle equazioni differenziali non-lineari, per le quali per lo più non si possiede una soluzione analitica. Che fare in questi casi? Non c'è altro che fare di necessità virtù ed essere molto critici ad analizzare l'applicabilità approssimata dei risultati. In fondo la scienza ha sempre progredito ugualmente in mezzo alle approssimazioni e alle ipotesi restrittive.

Dunque alla nostra tabella gli ingegneri aggiungono una colonna che rappresenta la differenza tra l'uscita annua per ogni anno e il valore medio precedentemente calcolato (colonna D della tabella).

Come si vede, nel 1904 piovve parecchio, perché l'uscita dal lago fu di 10,81 miliardi di metri cubi di acqua superiore al valore medio obiettivo (che è poi l'acqua che per ipotesi ne è anche uscita). Ovvio che questa extra-quantità possa essere immagazzinata a valle, per future bisogne, in un bacino chiuso da una diga, che quindi dovrà essere progettata in modo da poterla contenere tutta. Ma ciò non è sufficiente, perché anche nel 1905 piovve di più della media, aggiungendo 6,81 miliardi di metri cubi alla quantità da immagazzinare per future necessità, portando il totale parziale a 17,63 miliardi di metri cubi (colonna Dcum. in tabella).

Proseguendo i calcoli in questo modo si vede che il massimo da immagazzinare è di 84,84 miliardi di metri cubi raggiunto nel 1920, e la diga quindi deve essere progettata in modo da contenere tutta questa quantità di acqua oltre a un qualche margine di sicurezza (come si vede, infatti, il 1947 sarebbe cominciato con il bacino vuoto, e questo sarebbe stato ovviamente molto pericoloso: una minima fluttuazione avversa delle piogge avrebbe significato siccità e carestia).

Una verifica di questi conteggi è presto fatta.

Poiché:

livello finale del bacino =

livello iniziale del bacino +

afflusso (ossia deflusso dal lago Albert) –

prelievo (uguale per ipotesi alla media dei deflussi dal lago Albert)

possiamo, utilizzando tale formula, aggiungere alla tabella del foglio di lavoro due colonne che indicano il livello annuo iniziale del bacino a valle del lago Albert e il suo livello finale.

Potete verificare che tutto torna. Garantito.

Problema risolto dunque.

Come vedremo appresso, l'ingegner Hurst intorno al 1950 dimostrò che in realtà gli interrogativi sono parecchi e ci fece capire meraviglie che non conoscevamo sui fenomeni naturali, ma per il momento accontentiamoci.

Come si vede dalla figura che segue, con questi conteggi il bacino artificiale sarebbe stato sfruttato completamente solo nel 1919, per cui alcune ulteriori considerazioni di costo/beneficio potrebbero essere fatte, ma non è neppure di questo che vogliamo occuparci qui.

Vogliamo anzi soprassedere al momento su questa analisi riguardante le piene del Nilo. Come detto le dovremo riprendere più avanti

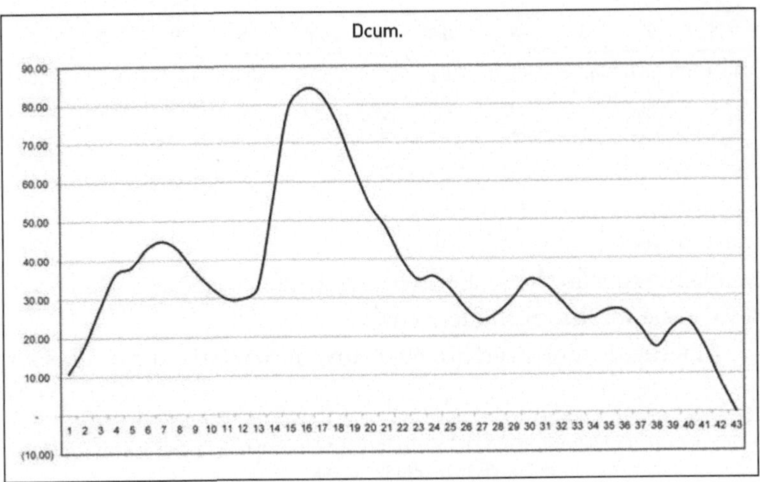

perché questi dati nascondono un fenomeno assolutamente sorprendente che ha dato origine a una intera nuova concezione degli eventi che accadono nel mondo. Però al momento vogliamo tornare al tema che abbiamo accantonato: cosa sono una *densità* e una *distribuzione* (sottinteso: *di probabilità*).

Riprendiamo in considerazione la tabella delle uscite di acqua dal lago Albert nei diversi anni e concentriamoci sulle variazioni annue di queste uscite, quelle che abbiamo indicato con la lettera D.

Come si vede le variazioni annue massima e minima sono:

MaxD	MinD
23,81	(11,19)

e si verificano nel 1918 e nel 1922 rispettivamente. Tutte le altre variazioni sono superiori a -11,19 miliardi di metri cubi e sono inferiori a +23,81 miliardi di metri cubi l'anno. Noi vogliamo allora dividere la distanza che separa -11,19 da +23,81 in dieci intervalli uguali (detti *bin*), lunghi ciascuno 3,5 miliardi di metri cubi, e vogliamo domandarci quante volte la variazione annuale di portata dell'acqua è caduta in ciascuno di questi bin. Ecco il risultato:

1	2	3	4	5	6	7	8	9	10	11
(11.19)	(7.69)	(4.19)	(0.69)	2.81	6.31	9.81	13.31	16.81	20.31	23.81
2%	9%	26%	14%	23%	12%	7%	2%	0%	0%	5%

che si legge così: nel primo bin (quello che va da -11,19 a -7,69 miliardi di metri cubi) cade solo il 2% delle variazioni annue; nel secondo bin (quello che va da -7,69 a -4,19 miliardi di metri cubi) cade il 9% delle variazioni annue, e così via.

Riportando tutto in grafico otteniamo quella che si chiama *densità*[4]:

---

[4] Come vedremo, le *densità* hanno tutte una forma a campana ma in genere hanno solo una gobba; quelle con due gobbe si chiamano *bimodali*.

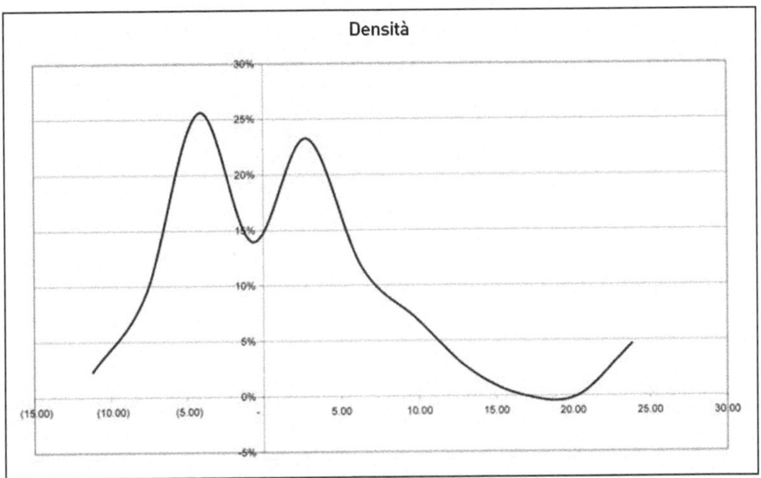

Se in figura leggiamo che, per esempio, le variazioni di circa 12 miliardi di metri cubi l'anno sono il 5% del totale, questo 5% – come sappiamo – può anche essere assunto in prima battuta proprio come la probabilità che capiti in futuro una variazione di 12 miliardi di metri cubi: possiamo in altri termini azzardarci a dire che tale variazione capiterà in futuro nel 5% dei casi circa. Questo è il motivo per cui alla parola *densità* (o *distribuzione*) si aggiunge anche *"di probabilità"*.

Come vedete la maggior parte delle variazioni annue di portata è concentrata intorno a valori piccoli: -5 e a +5 miliardi di metri cubi; allontanandoci da questi valori troviamo relativamente meno variazioni di portata, salvo una strana impennata per le variazioni molto grandi (circa 25 miliardi di metri cubi l'anno).

Non è strana questa impennata?

Non si tratterà per caso del segno lasciato a futura memoria (ricordate questa parola) da relativamente rare grandi alluvioni?

Può essere.

Eventi casuali: cosa sono davvero?

Torniamo all'ingegnere Hurst.

Per farlo dobbiamo affrontare un problema che non ci siamo posto: siamo sicuri di sapere cosa vuol dire *fenomeno casuale (random)*?

È tutto abbastanza chiaro quando un esperimento si può ripetere, come nel caso del lancio di un dado: il risultato cambia ogni volta che ripetiamo l'esperimento. Ma i flussi annui di acqua in uscita dal lago Albert non si possono ripetere. Ciò che in realtà possiamo ipotizzare è solo che da quel che capita un anno (o due, o tre…) si può ragionevolmente pensare che non sia possibile prevedere cosa capiterà l'anno dopo, esattamente come, quando giochiamo a dadi, dal fatto che sia uscita la sequenza 2,3,2,4 non possiamo inferire che la prossima uscita sarà un altro 2, o qualunque altro numero: non lo sappiamo e basta.

Questa è al definizione di casualità (*randomness*) di Von Mises[1] (1883-1953) che noi adottiamo senz'altro.

Von Mises fa un esempio illuminante: se andiamo in auto lungo una strada, troviamo un paracarro "alto" ogni chilometro e dieci paracarri "bassi" ogni cento metri, per cui, se annotiamo la frequenza con cui incontriamo i diversi paracarri, ne concluderemmo che la probabilità di incontrare un paracarro "alto" è 1/10, ma in questo fenomeno non c'è nulla di causale: è tutto predicibile a priori.

Ma è proprio così?

In parte sì, in parte no.

La definizione di fenomeno *casuale* è abbastanza complicata, infatti.

---

[1] Richard von Mises, *Probability, Statistics and Truth*, Dover, 1957.

Noi ne abbiamo adottata quindi una:

un fenomeno è casuale (*random*) se da ciò che accade prima non possiamo inferire ciò che accade dopo.

Da quanta acqua è uscita dal lago Albert non possiamo sapere quanta ne uscirà a una certa data futura.

Ma questa è già una definizione sofisticata: in realtà ce n'è anche una che ha a che fare con i piccoli errori che si commettono ogni volta che si misura una quantità fisica, per esempio l'altezza del box doccia da inserire nel nostro bagno.

Vi è mai capitato di essere sicuri di aver misurato correttamente le dimensioni della nicchia e poi il box – o qualunque altra cosa – non ci sta o, al contrario, ci balla dentro? Provate a misurare una cosa qualunque con un metro: anche se state molto attenti la misura segnata sarà sempre un po' (magari pochissimo) diversa da quella precedente. Ogni misura fisica, anche la più banale, è quindi affetta da errori: lo strumento di misura è mal posizionato, mi è tremata la mano, c'è poca luce e non ho visto bene, la temperatura della stanza è aumentata e io sto sudando, ecc.

È abbastanza intuitivo che, se ripetiamo molte volte la misura dell'altezza del box doccia e se facciamo un grafico delle variazioni di queste misure da una volta all'altra usando i *bin*, esattamente come abbiamo fatto per le variazioni di flusso di acqua uscita dal lago Albert, otterremo ancora una distribuzione che ha una forma a campana. Infatti gli "errori" grandi, per difetto o per eccesso, saranno relativamente pochi – mentre saranno numerosi i piccoli errori – esattamente come le grandi variazioni, da un anno all'altro, dei flussi di acqua in uscita dal lago Albert erano abbastanza poche.

È forse possibile allora arrivare a una formula analitica per questa distribuzione a campana?

Se lo si potesse, avremmo uno strumento potentissimo per fare i calcoli di cui avessimo (e abbiamo) bisogno.

Bene: è possibile, e il primo a riuscirci è stato il grande Gauss

(1777-1855) nella prima metà dell'Ottocento, ma si è dovuti poi arrivare fino al 1922, con Jarl Waldemar Lindeberg (1876-1932), per avere un teorema (*il teorema limite centrale*) convincente in proposito.

Vediamo di che si tratta.

Dobbiamo innanzitutto ipotizzare che esista il valore *vero* dell'altezza del box doccia.

Sembra ovvio, ma non lo è poi del tutto.

È difficile infatti ipotizzare l'*esistenza* di qualche cosa che non si sa misurare (perché se lo sapessi misurare non starei qui a rompermi la testa sugli errori commessi, giusto?). Però non ci vogliamo perdere in queste sottigliezze: il box doccia è lì, io l'ho pagato e lo devo infilare nella sua nicchia nel mio bagno: è alto un tot che non riesco a misurare con precisione ma voglio capire, se possibile, qualcosa sugli errori che commetto. Una volta che io sappia quali sono le caratteristiche di questi errori forse potrò risalire all'altezza *vera* del box semplicemente depurando le misure dagli errori (ignoti) che ho commesso (ovvio che il box potremmo anche farlo entrare nella nicchia a martellate, ma noi siamo delle persone precise e soprattutto non violente).

Gli errori, che indichiamo con ε, evidentemente non sono altro che la differenza tra ciò che segna di volta in volta il mio metro e il valore *vero* (ignoto) dell'altezza del box: se ci pensate si tratta dell'analogo delle variazioni del deflusso di acqua dal lago Albert da un anno all'altro.

Per poter andare avanti nei nostri ragionamenti, usiamo ora un processo che è largamente impiegato in tutte le scienze: costruiamo un *modello*. Facciamo cioè delle ipotesi ragionevoli su come interagiscono tra di loro le variabili che influenzano il risultato. Si può supporre[2] con una certa ragionevolezza che gli errori commessi di volta in volta nel misurare l'altezza del box doccia siano attribuibili a moltissime cause, spesso indecifrabili, ognuna delle quali contribuisce a ε con una piccola quantità η. Stiamo cioè ipotizzando – perché ci appare ragionevole – che ε sia la somma di moltissimi piccoli termini η e che le cause che hanno provocato gli η siano indipendenti l'una dall'altra.

---

[2] Pancini E., *Misure e apparecchi di fisica*, Veschi, Roma, 1965.

Cosa vuol dire *indipendenti*?

Lo sappiamo: detto un po' alla buona, vuol dire che il fatto che io stia sudando provoca un errore di misura, e che il fatto che io ci veda poco ne provoca un altro, ma che se io non stessi sudando, il fatto che io ci veda poco provocherebbe idealmente lo stesso errore, *non* un errore diverso. Le due cause di errore, per così dire, non si intralciano e non si rinforzano a vicenda: ognuna agisce per i fatti suoi.

Possiamo anche aggiungere un'altra ipotesi al nostro modello, la seguente.

Le η sono ovviamente delle variabili casuali: ogni volta che si manifestano possono assumere valori diversi, esattamente come è una variabile casuale il numero che appare sulla faccia superiore di un dado ogni volta che lo lanciamo.

Ogni volta che misuro l'altezza del box doccia, quindi, il fatto che ci veda poco influenza l'errore globale con un certo ammontare, che però non è lo stesso ammontare ogni volta che eseguo la misura.

Se le η non fossero variabili casuali non potrebbe essere tale la loro somma, cioè le ε (gli errori), e quindi non ci sarebbe la variabilità degli errori di misura… cioè non ci sarebbero gli errori: di che cosa staremmo parlando?

Bene, ma qual è l'ipotesi più semplice e ragionevole che possiamo fare allora su queste misteriose variabili casuali η? Essendo così piccole e inafferrabili, così determinate… dal caso, non sarà ragionevole pensare che, ogni volta che compaiono, il loro valore ha la stessa probabilità di comparire che ha un qualunque numero sulla faccia di un dado quando lo lanciamo?

Non è ragionevole?

Lo è in effetti, anche se in realtà tutto ciò che segue vale in ipotesi molto più generali[3], ma a noi questo è sufficiente (oltre che necessario) per capire.

---

[3] Le η devono solo avere tutte la stessa distribuzione di probabilità, quindi anche una distribuzione di probabilità molto più generale di quella di cui stiamo parlando, una che non implica necessariamente che ogni loro valore sia equiprobabile.

Dunque l'errore che si commette ha questa forma:

$$\varepsilon = \Sigma_i \eta_i$$

e gli statistici dicono che si tratta (le abbiamo già incontrate e definite) di una *somma di variabili casuali i.i.d.: indipendenti e ugualmente distribuite.*

Questo modello è uno dei più studiati nella storia della scienza, e vedremo presto che continua a riservarci delle sorprese; ma per il momento ci accontentiamo di ricordare che non è poi così difficile (anche se qui ne facciamo a meno) risalire con un certo numero di passaggi[4] alla forma analitica della distribuzione di questi errori, la famosa campana – che in questo caso si chiama *gaussiana* – e che riportiamo qui sotto solo per dimenticarla subito dopo, perché è, appunto, una delle icone della storia delle scienze:

$$f(\varepsilon) = (h/\pi^{0,5})\exp(-h^2\varepsilon^2)$$

dove h è un parametro numerico qualunque.

La forma di questa funzione è ciò che ci aspettiamo:

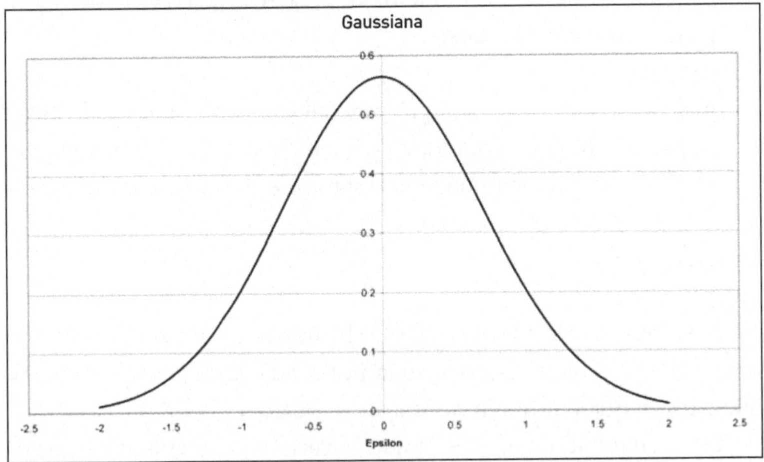

---

[4] Feller W., *An Introduction to Probability Theory and Its Applications*, Volume 1 and 2, Wiley, New York, 1968.

Sull'asse verticale leggiamo la percentuale di volte nelle quali è comparso il valore di ε corrispondente, che leggiamo sull'asse orizzontale. A mo' d'esempio, a occhio e croce il valore di $\varepsilon=1$ è comparso in circa il 20% dei casi.

Come si vede da questa figura, ci sono dunque pochi ε grandi in valore assoluto (es. 2 o -2) e molti ε piccoli in valore assoluto (es. -0,5 e +0,5).

Quindi nel misurare l'altezza del box doccia si commettono pochi errori grandi, ma molti errori piccoli.

Il risultato ottenuto è generale: ogni volta che una variabile è la somma aritmetica di molte variabili casuali indipendenti e con la stessa distribuzione di probabilità (nel nostro esempio tutti i valori sono equiprobabili), la sua distribuzione è gaussiana. Questo è il *teorema limite centrale*.

Faccio ora una osservazione che recupereremo poi nel seguito: nel caso in cui la distribuzione delle η sia gaussiana, ovviamente anche la distribuzione delle ε (la loro somma) sarebbe gaussiana, e quindi avremmo la curiosa situazione in cui sono identiche le distribuzioni delle variabili singole che compongono la somma e quella della loro somma.

Questo ci conduce al problema di P. Lévy (1886-1971) del 1924, che possiamo formulare così:

quali sono le distribuzioni più generali che hanno questa singolare proprietà, cioè che, appunto, sono identiche le distribuzioni delle variabili singole che compongono la somma e quella della loro somma?

La risposta è: le distribuzioni *stabili*, di cui la gaussiana è solo un esempio.

Se vi sembra complicato, vedrete che non lo è poi tanto, e vedremo anche che questo risultato apre la porta alla comprensione di una quantità di altri fenomeni, soprattutto sociali.

Per tornare all'ingegnere Hurst, le variabili che abbiamo esaminato erano le variazioni (da un anno all'altro) dei metri cubi defluiti a valle dal lago Albert, al fine di dimensionare la diga sul Nilo.

Ma ognuna di queste variazioni annue è la somma delle variazioni giornaliere, e appare probabile che queste variazioni giornaliere siano sottoposte a influenze totalmente indipendenti le une dalle altre: oggi piove, domani fa bello ma tira vento, e poi ci sarà un temporale a dieci chilometri che gonfia un affluente e via di seguito.

Appare quindi abbastanza plausibile che la distribuzione delle variazioni annuali del deflusso dal lago Albert sia sostanzialmente gaussiana nonostante la manifesta diversità di forma delle due campane: quella reale che abbiamo trovato (che è addirittura bimodale) e quella teorica (la campana gaussiana).

Non è difficile trovare altri esempi: il prezzo di una merce sul Chicago Board of Trade varia con continuità, e quindi noi possiamo misurare la variazione di prezzo (*return*) a ogni minuto. Dunque la variazione di prezzo giornaliera (*daily*) non sarà altro che la somma delle variazioni di prezzo a un minuto. Bene: è molto probabile che le variazioni di prezzo a un minuto siano sostanzialmente indipendenti le une dalle altre, vista la rapidità con cui si spandono le notizie, gli umori e le voci – vere o false che siano. Ne consegue che le variazioni di prezzo giornaliere dovrebbero avere una distribuzione gaussiana, con poche grandi variazioni di prezzo e una grande quantità di variazioni piccole. Vedremo che è "circa" così.

Siamo ora quasi pronti ad affrontare una caratterizzazione dei fenomeni naturali e sociali un po' diversa dal senso comune.

Ho detto *quasi*.

Dobbiamo prima fare altre due deviazioni, e chiarire bene questa faccenda della *gaussianità*.

Cose misteriose: i trend

In un certo senso i fenomeni i.i.d. che abbiamo illustrato sono l'apoteosi della casualità, dell'errare vagabondo delle variabili che si manifestano senza avere memoria di ciò che è successo prima, scorrelate quindi tra loro e da ogni apparizione precedente. Tentare di fare previsioni su variabili del genere parrebbe una impresa disperata, e in molti trattatelli di statistica elementare si legge più o meno ciò, includendo nel mucchio anche l'impossibilità di guadagnare sui mercati finanziari.

Ma non è così.

Supponete che sia vero il ragionamento che spesso si fa, per esempio, riguardo ai mercati finanziari, quello che abbiamo appena ricordato: che cioè le variazioni di prezzo siano sostanzialmente indipendenti le une dalle altre. In un mercato, infatti, ci sono sempre forze opposte che spingono le quotazioni in un senso o nell'altro e sostanzialmente – nel caso peggiore – tutto è in balia del caso, come lanciare una moneta. Se allora (per esempio) quattro prezzi successivi si comportano davvero – al limite – in maniera indipendente l'uno dall'altro, cosa vi aspettate di trovare[1]?

Credo che le risposte spontanee siano:

1. È improbabile che siano saliti tutti e quattro i prezzi.
2. È improbabile, per lo stesso motivo, che siano scesi tutti e quattro.
3. Dato che nel caso peggiore possibile i 4 prezzi si comportano in maniera indipendente, è probabile che due siano saliti e due siano scesi.

---

[1] Di Lorenzo R., *Come Guadagnare in Borsa con Internet*, Il Sole 24 ORE, 2010.

Come ricorderete, una delle definizioni di probabilità che si verifichi un evento è il rapporto tra i casi favorevoli e il totale dei casi possibili. Vediamo allora nel nostro caso di elencare tutte le combinazioni possibili delle variazioni di prezzo. Eccole:

Su	Su	Su	Su
Su	Su	Giù	Su
Su	Su	Su	Giù
Su	Su	Giù	Giù
Su	Giù	Su	Su
Su	Giù	Giù	Su
Su	Giù	Su	Giù
Su	Giù	Giù	Giù
Giù	Su	Su	Su
Giù	Su	Giù	Su
Giù	Su	Su	Giù
Giù	Su	Giù	Giù
Giù	Giù	Su	Su
Giù	Giù	Giù	Su
Giù	Giù	Su	Giù
Giù	Giù	Giù	Giù

Dunque ci sono 16 configurazioni possibili.

Su questi sedici casi possibili, ce ne sono 4 con un solo prezzo che è salito e 4 con un solo prezzo che è sceso. Quindi la probabilità che alla fine si trovi un solo prezzo che è salito (o che è sceso) è:

$$4/16 = 1/4 = 25\%$$

La configurazione in cui tutti e quattro i prezzi sono saliti è solo una, quindi la sua probabilità è:

$$1/16 = 6,25\%$$

Lo stesso dicasi per una configurazione nella quale tutti e quattro i prezzi sono scesi. Ne consegue che la probabilità che tutti i prezzi siano saliti oppure siano scesi è:

$$2/16 = 1/8 = 12{,}50\%$$

Nelle configurazioni possibili, poi, quelle che mostrano due prezzi che sono saliti e due che sono scesi (la soluzione che sembra la più plausibile nell'ipotesi di indipendenza) sono 6 e quindi la sua probabilità è:

$$6/16 = 3/8 = 37{,}5\%$$

la più alta fino a questo momento.

Ma, e qui ci aspetta la sorpresa, le configurazioni che prevedono 3 prezzi che sono andati nella stessa direzione e uno solo che è andato in direzione contraria (e questo, nel linguaggio dell'analisi tecnica[2] finanziaria, è *un trend*) sono 8, quindi la probabilità di incontrare un comportamento del genere è:

$$8/16 = \tfrac{1}{2} = 50\%$$

la più alta di tutte.

In definitiva, la persistenza delle variazioni di prezzo (cioè i trend) che verifichiamo anche in configurazioni casuali, esiste perché quella, contrariamente a quel che potrebbe apparire evidente a prima vista, è proprio la configurazione più probabile. Ed è questo che in finanza rende possibile l'analisi tecnica – cioè il basare le decisioni di investimento esclusivamente sull'andamento grafico del prezzo – a dispetto degli economisti che non vogliono arrendersi all'evidenza.

Volete una riprova dell'esistenza di trend in fenomeni i.i.d, e quindi anche della possibilità di fare *previsioni*? Niente di più facile.

---

[2] Di Lorenzo R., *Come Guadagnare in Borsa*, Il Sole 24 ORE, 2010.

La funzione

$$=casuale()$$

fornisce, se inserita in un foglio di lavoro, una sequenza di numeri sostanzialmente i.i.d compresi tra 0 e 1.

Se vogliamo modellizzare l'incremento della consistenza di un allevamento di polli ben controllati con gli antibiotici – in modo da escludere epidemie – diciamo che da un anno all'altro si osservano variazioni che vanno dal -10% al +10% e quindi per simulare tali variazioni useremo la funzione:

$$\delta=casuale() \times 20\% - 10\%$$

che varia appunto tra -10% e +10%, mentre $=casuale()$ varia tra 0 e 1.

Riportiamo tale funzione in verticale nella prima colonna di un foglio di lavoro[3] e nella seconda colonna riportiamo la consistenza dell'allevamento partendo da una consistenza iniziale di 1.000 polli. Otterremo, per esempio, questo andamento:

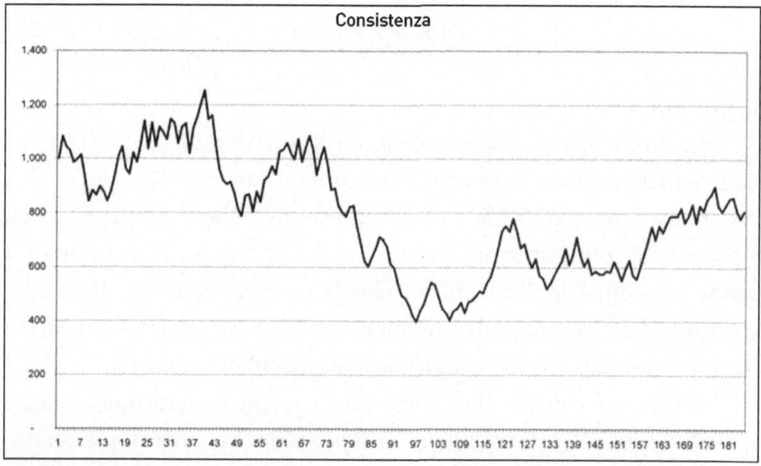

---

[3] Titolo: *Polli.*

Come vedete ci sono trend persistenti ben definiti, nonostante il fenomeno sia sicuramente i.i.d. con grande approssimazione: quello più evidente fa scendere la consistenza dell'allevamento da 1200 polli a circa 400, per poi farlo risalire fino a 900 circa.

La domanda concreta allora è: era possibile, a quota 1200, quanto meno prevedere che la consistenza era sul punto di scendere, anche se non era possibile forse sapere in quel momento che si sarebbe fermata a quota 400?

E ancora: era possibile a quota 400 sapere che la consistenza sarebbe salita, da lì in poi, anche se forse non era possibile in quel momento sapere che sarebbe arrivata a quota 900?

La risposta è sì, si poteva, ma il come lo vedremo in seguito.

Storie gaussiane

Il modello gaussiano (detto anche *normale*) rappresenta bene molti fatti che avvengono nel mondo, anche fatti apparentemente molto semplici. Per esempio il seguente.

La probabilità che un evento accada, come sappiamo – lo abbiamo ripetuto fino alla noia – si definisce anche come il numero di casi favorevoli all'accadimento diviso il numero di casi possibili.

Se per esempio lancio il solito dado e scommetto una certa somma sul 5, i casi favorevoli sono uno solo: che esca, appunto, il 5, ma i casi possibili sono 6, tante quante sono le facce del dado.

Quindi la probabilità che io vinca è

$$1/6 = 0,167 = 16,7\%$$

e se non c'è un particolare motivo per il quale il mondo, in futuro, cambi in modo strutturale, in molti lanci ripetuti vincerò nel 16,7% dei casi.

Supponete ora di lanciare una coppia di dadi anziché uno solo.

Lancio il primo e, per ognuna delle 6 facce che possono risultare rivolte verso l'alto, lanciando il secondo ci sono 6 possibili facce che (sul secondo) possono risultare rivolte verso l'alto. Quindi le possibili configurazioni[1] sono 6×6=36.

Se allora sono interessato alla somma dei punteggi che risultano sulle facce rivolte verso l'alto, e ci pensate un attimo, ci sono – per esempio – solo 2 casi[2] in cui tale somma è uguale a 3, e quindi la pro-

---

[1] Vedi foglio di lavoro *Dadi*.
[2] Se sul primo dado compare 2 e sul secondo 1, ovvero se sul primo compare 1 e sul secondo 2. Tertium non datur.

babilità che la somma dei due punteggi sia, appunto, 3 è:

$$2/36=0{,}056=5{,}6\%$$

È facile allora convincersi che la probabilità (*densità di probabilità* per la precisione) dei diversi casi possibili è la seguente:

Somma	Casi favorevoli	Densità	Distribuzione
2	1	0.028	0.028
3	2	0.056	0.083
4	3	0.083	0.167
5	4	0.111	0.278
6	5	0.139	0.417
7	6	0.167	0.583
8	5	0.139	0.722
9	4	0.111	0.833
10	3	0.083	0.917
11	2	0.056	0.972
12	1	0.028	1.000
Totale	36	1.000	

che ha una forma a campana, forma che è riscontrata spesso nel mondo reale (vedi figura in alto nella pagina a fianco). Quindi la somma dei punteggi che ha una maggiore probabilità di presentarsi – e che quindi in una lunga serie di lanci si presenterà con più frequenza (precisamente circa nel 17% dei casi, come si legge nella figura e nella tabella), se il mondo non cambia fondamentalmente nel frattempo – è 7. Se lo avesse detto Cassandra, però, nessuno le avrebbe creduto: avrebbero detto che il futuro nessuno lo può prevedere. Avrete notato, nell'ultima tabella, che la somma delle densità di probabilità è uguale a 1, e non può essere che così, proprio per come abbiamo calcolato le diverse probabilità. Avrete anche notato che a destra della colonna *Densità* abbiamo inserito una colonna *Distribuzione* (sottinteso: *di probabilità*)

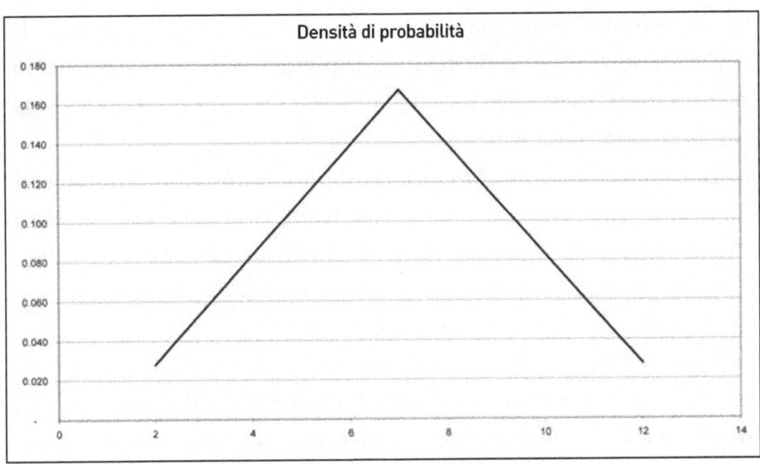

che non è altro che la densità cumulata (in precedenza abbiamo detto: *il suo integrale*, ricordate?). Infatti è (arrotondamenti del PC a parte):

$$0,083=0,028+0,056$$
$$0,167=0,083+0,083$$

$$\ldots$$

La distribuzione di probabilità ha il tipico andamento a S:

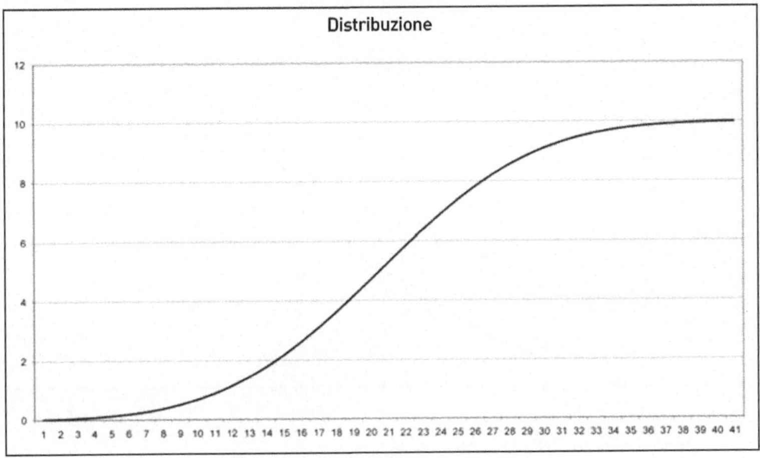

Per molti motivi pratici, con i quali non sto ad annoiarvi, vi dico che è quasi sempre più significativa – cioè più densa di significato – la *distribuzione di probabilità* (quella fatta a S) che non la *densità di probabilità* (quella fatta a campana).

La situazione esaminata è però molto particolare: nel mondo reale noi non sappiamo quasi mai con esattezza, come avviene invece nel caso del lancio dei due dadi, qual è la distribuzione di probabilità.

Noi quasi sempre *non* conosciamo il modello teorico da cui segue – come pelare una banana – la distribuzione di probabilità (la nostra S).

Il procedimento reale è esattamente l'opposto: dall'osservazione dei dati, e dalla loro distribuzione (di frequenza) calcolata empiricamente, si cerca di inferire qual possa essere la legge che fornisce una distribuzione di probabilità da cui potrebbe ragionevolmente seguire quella distribuzione empirica di frequenza.

Per esempio, lanciando materialmente i due dadi – e supponendo di non saper costruire un modello mentale del processo – noi otterremo solo una serie di dati bruti che rappresentano il numero che ogni volta compare sulla faccia rivolta verso l'alto[3] e costruiremo la densità e la distribuzione (di frequenza) esattamente come abbiamo

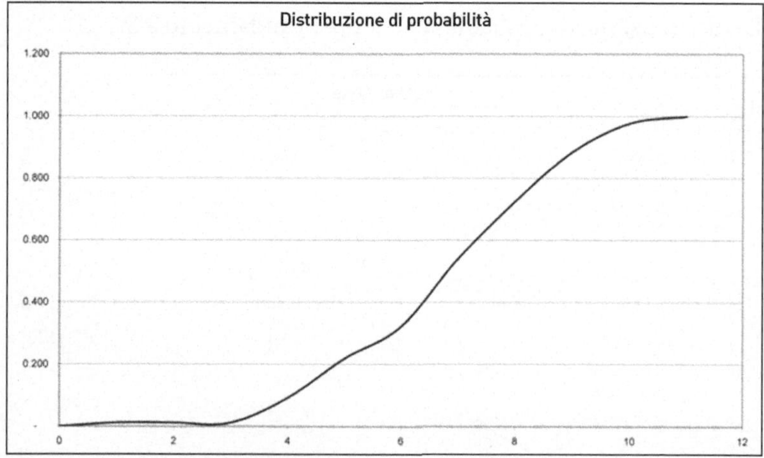

---

[3] Vedi foglio di lavoro *Distribuzioni*.

fatto per i deflussi di acqua dal lago Albert, ottenendo per la distribuzione (come detto, è la più significativa delle due funzioni) per esempio l'andamento mostrato nella figura di pagina precedente.

Vi faccio notare che adesso siamo di fronte a fenomeni casuali, fenomeni cioè che non forniscono lo stesso risultato se lanciamo di nuovo i dadi e facciamo una seconda serie di misure (ricordate la definizione di *ensamble*?). La seconda volta otterremo per esempio questa nuova distribuzione, simile alla prima ma *non* identica:

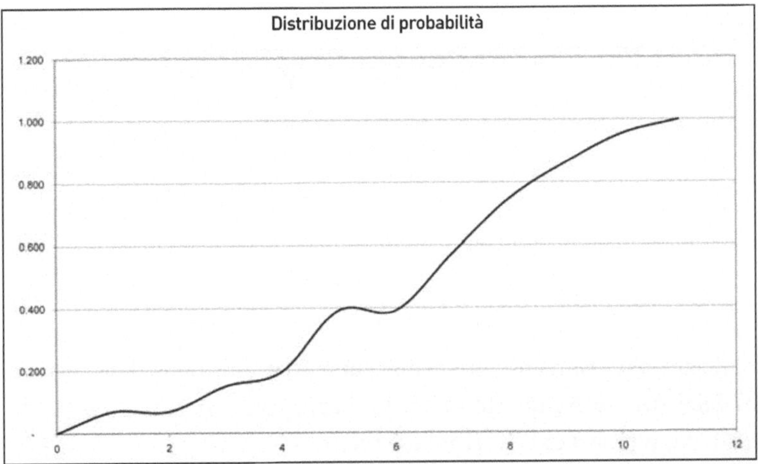

Una volta ottenuta la distribuzione (di frequenza) dai dati bruti, sorge allora la domanda: esiste e (se esiste) qual è il modello analitico (la formula) che mi fornirebbe con ragionevole approssimazione questa stessa distribuzione (di probabilità)?

Il primo modello che si cerca di capire se *vada bene* è quasi sempre quello *normale* (o gaussiano). La ragione è che sulla formula di Gauss si riescono a fare molto bene i calcoli che si vogliono fare, mentre su altre formule ci si arena presto: la matematica non ce la fa a fare molta strada.

Per capire se il modello normale *vada bene*, si misura semplicemente la massima distanza che c'è tra la nostra distribuzione empirica e la gaussiana con la stessa media e la stessa deviazione standard (vedi subito appresso per la definizione di deviazione standard). Questo test[4] si chiama di Kolmogorov-Smirnov e, nella sua versione definitiva, è stato formulato nel 1939.

Ecco le due curve mostrate insieme:

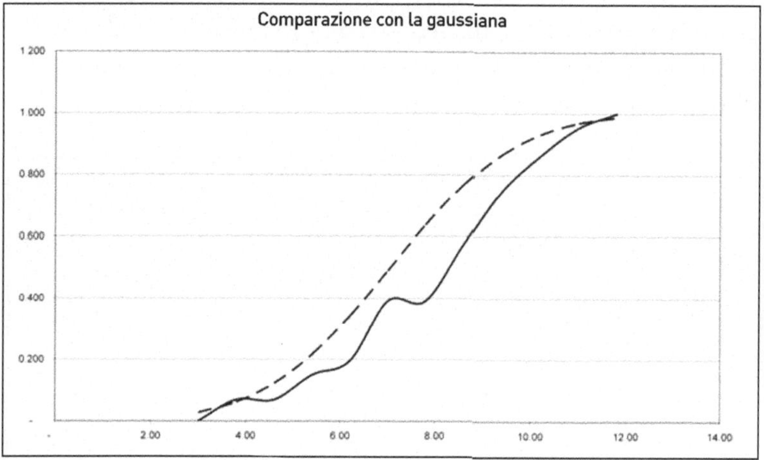

La distanza massima fra queste due curve è (vedi il foglio di lavoro *Distribuzioni*) 0,216 e questo valore lo si compara con quello (detto *critico*) che si ricava dalla formula seguente:

$$test=1,63/(n)^{0,5}$$

dove n rappresenta il numero di campioni usati.

Nel nostro caso n=11 e quindi è:

$$test=0,491$$

Se la massima distanza tra le due curve è inferiore al valore critico 0,491 è molto probabile, diciamo così, che non ci sia alcuna differenza statistica tra di esse. Dato che nel nostro caso[5] è proprio:

---

[4] Kanji G. K., *Statistical Tests*, Sage Publications, London, 1997.

$$0,216 < 0,491$$

appare molto plausibile che il modello gaussiano sia adeguato a rappresentare il processo.

Questo il responso del test di Kolmogorov-Smirnov nel nostro esempio.

---

[5] Va detto che abbiamo fatto alcune approssimazioni per semplificare un po'; la formula usata per il test è corretta solo se $n>35$; con $n=11$ sarebbe test=0,391 e il risultato comunque non cambierebbe.

L'ingegner Hurst fa una scoperta sconcertante

I deflussi di acqua dal lago Albert, come già intuito in precedenza, hanno una distribuzione normale[1] anche a fronte di un test rigoroso. Ecco infatti nella figura riportata qui di seguito tale distribuzione comparata, appunto, con la normale con la stessa media e la stessa deviazione standard (che è la linea continua delle due):

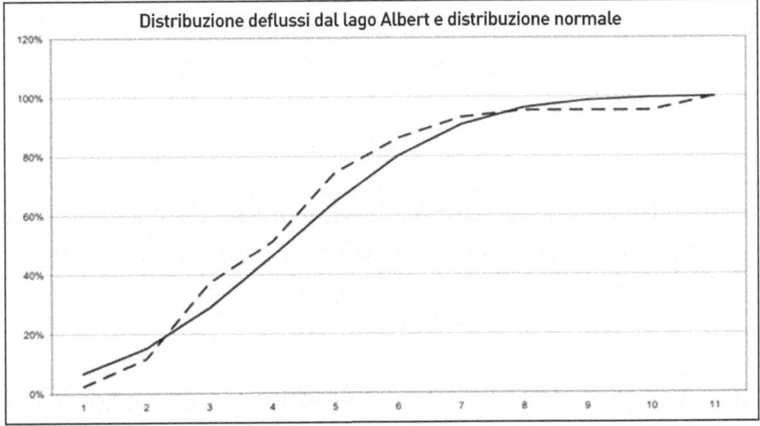

La massima distanza tra le due curve è 0,098 e il valore critico del test di Kolmogorov-Smirnov in questo caso[2] è 0,249. Poiché

$$0,098 < 0,249$$

ne concludiamo che la distribuzione è gaussiana.

---

[1] Vedi foglio di lavoro *Deflussi dal Lago Albert*.
[2] Vedi Kanji, op. cit.

Per i più pignoli diremo:

con un margine di confidenza del 95% non possiamo rigettare l'ipotesi che i due campioni sottoposti a test provengano dalla stessa popolazione.

Non è proprio la stessa cosa, ma gli ingegneri per far stare in piedi le dighe sono costretti spesso a ricorrere a qualche "martellata" teoretica.

L'ingegnere Hurst, tuttavia, subodorava l'esistenza, nei dati, di qualche strano fenomeno di cui non sapeva individuare la natura.

Ecco allora descritto qui di seguito cosa fece. *Randomizziamo* i deflussi – quelli che nel foglio di lavoro *Deflussi dal lago Albert* abbiamo indicato con O – cioè *scompigliamoli* in maniera casuale. Cambiamone l'ordine, in altri termini. Va detto subito che così facendo non se ne cambiano la media e la deviazione standard. Vi ricordo infatti che la media m è la somma dei flussi O diviso il loro numero n:

$$m=\Sigma_i O_i/n$$

e che la deviazione standard σ è il valore medio del quadrato delle differenze dei campioni O con la media m, il tutto elevato a 0,5:

$$\sigma=[\Sigma_i(O_i-m)^2/n]^{0,5}$$

ed è una misura della dispersione dei dati attorno alla media.

In un foglio di lavoro entrambi i calcoli sono immediati; basta usare le formule:

$$=\text{media}()$$
$$=\text{dev.st}()$$

Queste due misure, come detto, non cambiano se si cambia l'ordine dei dati, perché derivano da una somma su *tutti* i dati, il cui risultato quindi è indipendente da tale ordine.

Per motivi analoghi non cambia la distribuzione di probabilità, perché in ogni *bin* continua a cadere sempre lo stesso numero di variazioni annue di portata. La distribuzione cioè rimane gaussiana.

Hurst per scompigliare i dati segnava i deflussi O su un mazzo di carte, un deflusso per ogni carta, quindi mischiava le carte come per giocare a tresette. Noi invece usiamo i fogli di lavoro, segnando accanto a ogni deflusso un numero casuale mediante la funzione:

$$=casuale()$$

e poi con le opzioni a menù riordiniamo la serie dei deflussi in modo che i numeri casuali siano ordinati dal più alto al più basso. I deflussi ne risulteranno quindi rimescolati, ottenendo una sequenza diversa dalla prima[3]. La distribuzione dei dati scompigliati, come la media e la deviazione standard (come detto) non cambia, perché entro ogni bin cade sempre lo stesso numero di deflussi O, ma sorprendentemente cambia il *range* (cioè la distanza tra i massimo e il minimo dei deflussi cumulati) che era quello che – se ricordate – determinava la capienza che doveva avere la diga. Nella figura seguente vi ricordo il range originale, che vale 84,02-0=84,02:

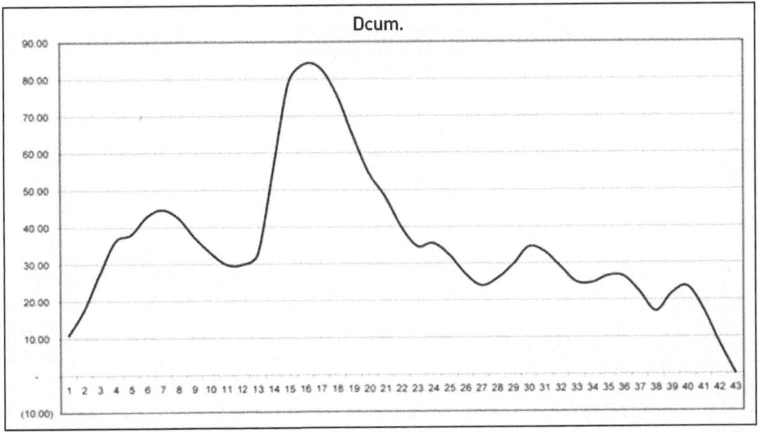

---

[3] Vedi i fogli di lavoro: *Deflussi dal Lago Albert 1* e *Deflussi dal Lago Albert 2*.

Quello che segue è invece un esempio con i deflussi randomizzati (il range ora vale +19-(-32)=51 soltanto):

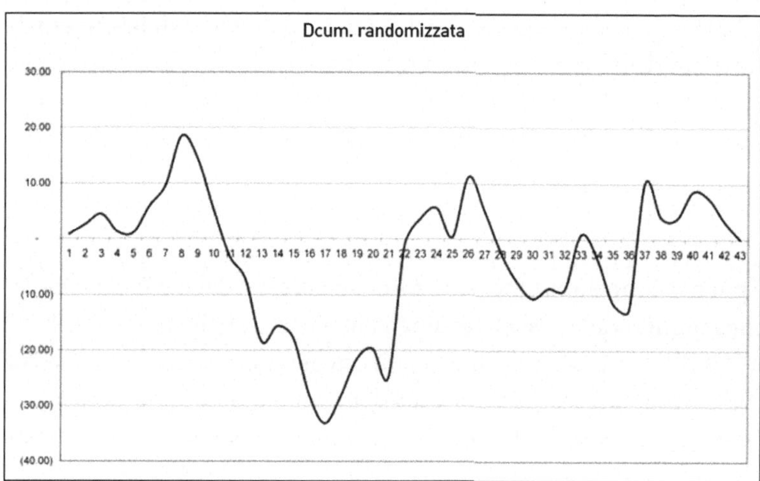

Quello che segue adesso è un secondo esempio di deflussi randomizzati, e il range vale +30-(-31)=61, decisamente più basso che nel caso di dati *non* randomizzati:

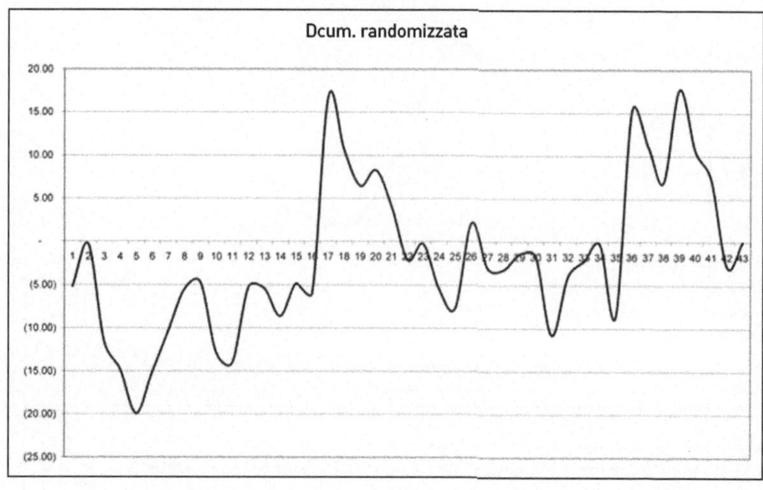

In altri termini – questa la scoperta dell'ingegner Hurst – la distribuzione da sola non coglie tutto il fenomeno.

Dire *normale* non è sufficiente.

Il *come* i dati si susseguono l'uno all'altro fa differenza, eccome. La sequenza dei deflussi reali è quindi diversa da una sequenza in cui ogni campione è effettivamente indipendente da quelli precedenti. In altri termini il fenomeno si dice che *ha memoria* e, in particolare, si dice che ha *long range memory*.

Troviamo quindi uno sconcertante risultato: il susseguirsi dei dati *dipende* dai dati che sono venuti prima, e i dati stessi quindi tendono a raggrupparsi (vedi subito appresso).

Se non teniamo conto della long range memory insita nel fenomeno, vi faccio notare in particolare che la diga verrebbe più bassa del dovuto, facendo correre un certo pericolo ai raccolti a valle e alla popolarità dei politici che durante l'inaugurazione hanno tagliato il nastro.

Come caratterizzare numericamente questo nuovo fenomeno?

Hurst calcolò il rapporto tra il range R e la deviazione standard s, mettendo in relazione tale rapporto con il numero N di campioni considerati. In altri termini Hurst calcolò R/σ per i primi N=3 deflussi, poi per i primi N=4 deflussi, poi per i primi N=5 deflussi e così via, e si accorse che tra queste grandezze esisteva una relazione del tipo:

$$R/\sigma=(N/2)^K$$

dove K – per *vestire* bene i dati di deflusso – doveva valere circa 0,75, mentre avrebbe dovuto valere 0,50 nel caso di dati realmente i.i.d[4].

Ma non è tutto, perché Hurst calcolò K anche per una serie di altri fenomeni naturali mostrati nella riproduzione della figura originale che segue, e verificò che per eventi così diversi come il prezzo del grano, le macchie solari, i cerchi nel tronco degli alberi ed altro, K variava

---

[4] Da notare che non ha nessuna importanza se la deviazione standard viene calcolata sulle variazioni (es. i deflussi annui dal lago Albert) o sulla differenza tra variazioni e media delle variazioni (la grandezza usata per calcolare il range R), perché le due serie hanno deviazioni strandard uguali.

sempre tra 0,69 e 0,75, e non era *mai* pari a 0,50 come nel caso i.i.d.

Ne concluse che tutti questi fenomeni naturali – probabilmente *tutti* i fenomeni naturali – hanno *long range memory*.

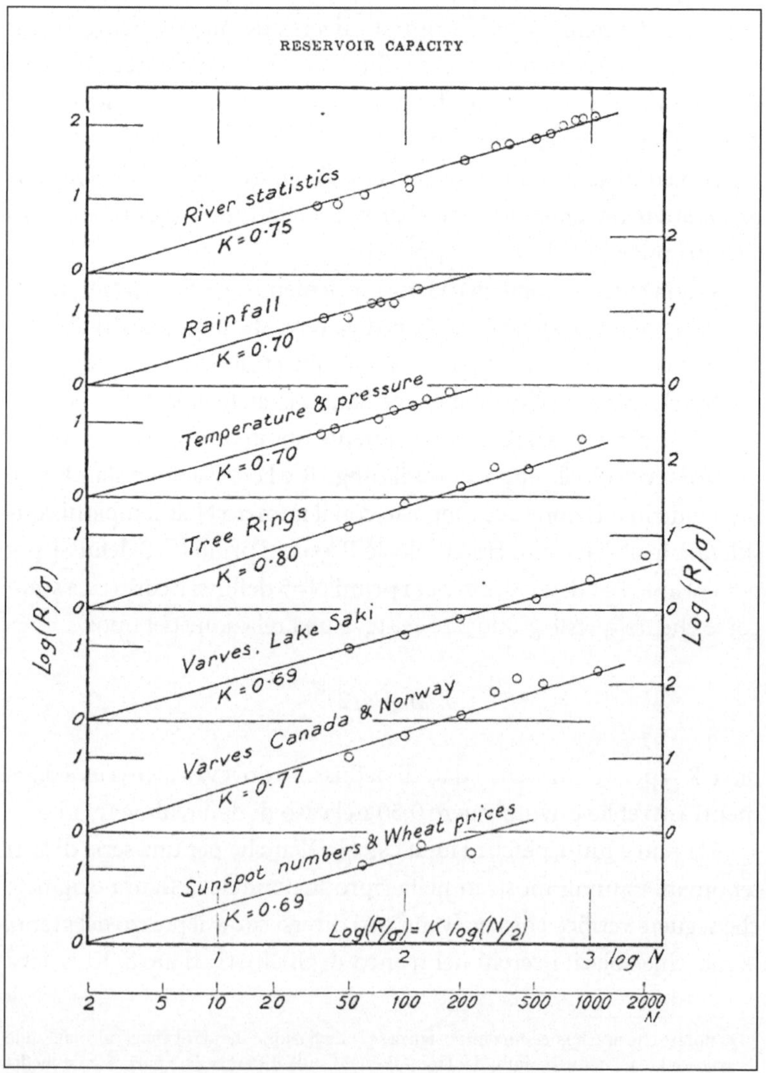

(fonte: H.E. Hurst, *Long-Term Storage Capacity of Reservoirs*, Transactions of the American Society of Civil Engineers, April, 1951).

Hurst fece infine un po' di calcoli statistici sui valori di K trovati, e arrivò a concludere che in media i fenomeni naturali obbediscono alla seguente formula:

$$R=(N/2)^{0,72} \cdot \sigma$$

mentre per un fenomeno i.i.d. sarebbe, come detto:

$$R=(N/2)^{0,50} \cdot \sigma$$

Quindi il range R è proporzionale alla deviazione standard σ, ma aumenta all'aumentare di σ più velocemente in un fenomeno naturale di quanto non aumenti in un fenomeno i.i.d., come mostra la figura seguente:

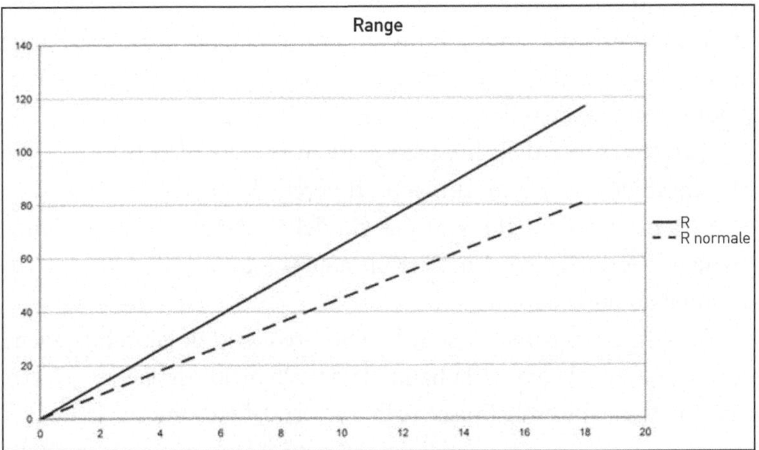

Per esempio, poiché la deviazione standard dei deflussi dal lago Albert vale[5] 7,48, dal grafico sopra riportato segue che il range è circa il *doppio* di quello che risulterebbe se il fenomeno fosse *normale*, e quindi la diga deve contenere circa il doppio di acqua rispetto a quanto basterebbe usando un modello i.i.d.

---

[5] Vedi foglio di lavoro *Deflussi dal lago Albert*.

Ma che cosa vuol dire che il range è *più grande*? Ricordiamoci che stiamo parlando, per esempio, del deflusso di acqua dal lago Albert cumulato anno dopo anno, dopo averlo depurato dalla media.

Ora, noi sappiamo – lo abbiamo imparato – che le variazioni (i deflussi) non si *alternano*, ma si *impacchettano*, e questo anche in un fenomeno i.i.d: a un rialzo (per esempio) segue in genere un altro rialzo e poi un altro rialzo ancora… e il range viene proprio costruito dalle variazioni (dai deflussi annuali nel caso del lago Albert nel nostro esempio) che vanno *nella stessa direzione*: il deflusso aumenta (per esempio) il primo anno, poi aumenta anche il secondo (magari o sicuramente di un valore diverso, ma aumenta) e così via… ovviamente finché il fenomeno non decide di invertire la tendenza.

Detto in parole povere: per aumentare *di più* in un caso che nell'altro, vuol dire che aumenta *per più anni di seguito*, cioè che il fenomeno è *più persistente* in un caso che nell'altro. Se volete, vuol dire che i trend, che esistono anche in un fenomeno i.i.d., nel caso ci sia long range memory sono *più lunghi* e quindi meglio utilizzabili per fare previsioni (con grande sollazzo di chi *gioca* in Borsa).

Questo il senso della long range memory, che Mandelbrot non a caso ha chiamato[6] *effetto Giuseppe*. Il perché lo diciamo subito.

Sarà per via del Nilo, sarà per via delle caratteristiche del fenomeno che sono emerse, è inevitabile a questo punto ricordarsi infatti di un passo biblico.

Giuseppe, interprete di sogni, figlio prediletto di Giacobbe, viene venduto come schiavo ai Madianiti dai fratelli invidiosi (Genesi 37, 28), e dopo alterne vicende finisce nelle carceri del faraone egiziano. Qui interpreta con successo i sogni dei detenuti. Dopo due anni in quella condizione, viene chiamato a corte a interpretare due angosciosi sogni del faraone. Nel primo, il faraone sogna di trovarsi in riva al Nilo:

> ed ecco salirono dal Nilo sette vacche, belle di aspetto e grasse e si misero a pascolare tra i giunchi. Ed ecco, dopo quelle, sette altre vacche sa-

---

[6] Mandelbrot B., *Fractals and Scaling in Finance*, Springer, 1997.

lirono dal Nilo, brutte di aspetto e magre, e si fermarono accanto alle prime vacche sulla riva del Nilo. Ma le vacche brutte di aspetto e magre divorarono le sette vacche belle di aspetto e grasse. (Genesi 41, 2-4)

Il secondo sogno è analogo al primo:

sette spighe spuntavano da un unico stelo, grosse e belle. Ma ecco sette spighe vuote e arse dal vento d'oriente spuntavano dopo quelle. Le spighe vuote inghiottirono le sette spighe grosse e piene. (Genesi 41, 5-7)

Giuseppe interpreta i sogni come un messaggio divino: vi saranno sette anni di abbondanza in tutto l'Egitto, seguiti da sette anni di carestia (Genesi 41, 25-31).

Quanto al fatto che il sogno del faraone si è ripetuto due volte, significa che la cosa è decisa da Dio e che Dio si affretta a eseguirla. (Genesi 41, 32)

La profezia del sogno è destinata ad avverarsi: Cassandra non era l'unica ad avere la mania delle profezie.

La Bibbia dunque ne era già al corrente: i fenomeni naturali come abbiamo visto non si alternano: si impacchettano, e il pacchetto può essere *più lungo* (sette anni) di quel che ci si può aspettare: sono dotati di *long range memory*.

Questo fa una grossa differenza quanto a stime e previsioni e vaticini, perché, come detto, i trend sono più lunghi che nel caso i.i.d..

Va detto che nel tempo si sono scoperti parecchi fenomeni che mostrano *long range memory*[7]. Student, il famoso statistico, che di nome faceva in realtà William Sealy Gosset (1876-1937), nel 1927 si trovò a discutere degli errori che si commettono nelle analisi dei dati, specie di analisi chimiche, ed affermò che stranamente certi errori di misura tendevano a ripetersi in modo simile in analisi successive fatte

---

[7] Beran J., *Statistics for Long-Memory Processes*, Chapman & Hall, 1994.

nel corso della giornata e a volte anche a distanza di giorni le une dalle altre. Student chiamò tali errori *semi-costanti*. Ma l'osservazione più importante di Student è che l'apparizione degli errori semi-costanti non è l'eccezione, ma piuttosto la regola, a significare che vi è implicato qualche fenomeno stabilmente con *long range memory* o, come si dice anche, *long-term dependance*.

Ma in fondo, anche le osservazioni di Student non sono una gran novità. Prima di lui l'astronomo Simon Newcomb (1835-1909) aveva rilevato già nel 1895 l'occorrenza di errori semi-sistematici nelle osservazioni astronomiche, affermando che la classica modellizzazione gaussiana di tali errori forniva risultati in media troppo piccoli.

Anche un altro statistico illustre, Karl Pearson (1857-1936), si occupò degli errori del tipo riscontrato da Newcomb, facendo due esperimenti:

1. Un insieme di 500 linee di lunghezza diversa fu dato a tre osservatori indipendenti chiedendo loro di dividere a metà ognuna delle 500 linee con un semplice tratto di penna.

2. Un raggio di luce sottilissimo fu fatto attraversare una striscia bianca. Al suono di una campana le tre persone dovevano osservare indipendentemente dove si trovava il raggio di luce, quindi dovevano tracciare un tratto di penna nella stessa posizione su un'altra striscia simile.

Furono prese tutte le precauzioni affinché gli errori che venivano commessi dai tre operatori fossero davvero niente altro che la somma di una quantità di errori assolutamente casuali e indipendenti gli uni dagli altri. L'obiettivo era evidentemente verificare la distribuzione di tali errori per vedere se fosse gaussiana oppure no. Alla fine si dovette ammettere che, benché fosse impossibile stabilirne la causa, i risultati di operazioni successive *non* erano indipendenti. Con il nostro linguaggio diremmo che era presente *long range memory* o *long-range dependence* che dir si voglia.

Un fenomeno analogo a quello rilevato da Pearson fu osservato a più riprese anche da un altro statistico, Harold Jeffreys (1891-1989), che concluse:

> In una serie di osservazioni fatte dallo stesso soggetto, e ordinate in base al tempo, la presenza di correlazione interna è la norma

e non l'eccezione (come si sarebbe portati a pensare), dove per *correlazione interna* intendeva appunto *long range memory*.

Beran[8] riferisce che in una serie di misure di alta precisione del campione di 1 Kg, effettuate tra il 1965 e il 1973 al National Institute of Standard and Technology, ci fu evidenza del fatto che misteriosamente le misure erano affette da errori che non erano indipendenti e lo stesso si può dire per le misure sul riscaldamento globale del pianeta effettuate con ogni cura dal Climate Research Unit della University of East Anglia nel 1992.

Lo stesso Beran riferisce della presenza di long range memory in sequenze spaziali anziché temporali. Per esempio, in alcuni test per stabilire la dimensione ottimale di un campo di piselli o di grano o di altre culture, al variare della densità della piantagione in differenti appezzamenti del campo stesso, si trovò la presenza di long range memory, appunto, di tipo spaziale. Ciò significa che c'è certamente una correlazione tra i risultati culturali di un appezzamento di terreno e di quello vicino (dimensione dei frutti ecc.), ma che la correlazione si *propaga*, per così dire, molto lontano, a distanze che sono inattese.

Se ne può concludere, pertanto, che la memoria lunga è presente nel mondo molto più di quanto sia presente l'assenza di memoria.

I fenomeni che correntemente noi chiamiamo *casuali*, ci sono forti sospetti che non lo siano per niente, anche se per lo più non ne sappiamo il perché.

E anche se non ne sappiamo il perché, questa modellizzazione della realtà attraverso il costrutto della *long range memory*, che pare a prima vista così esoterica, come spesso accade con le teorie matematiche è invece immediatamente applicabile a casi quanto mai banalmente concreti.

Vediamo.

---

[8] Beran J., *Satistics for Long-Memory Processes*, Chapman & Hall, 1994.

Quanti libri in magazzino?

La formula di Hurst è di impiego immediato e molto semplice in una varietà di stime.

Per esempio, questa è la sequenza del numero delle copie vendute negli anni dai miei manuali di finanza pubblicati da il Sole 24 ORE:

Anno	O	D	Dcum.
1991	3,522	(5,350)	(5,350)
1992	1,511	(7,361)	(12,712)
1993	2,991	(5,881)	(18,593)
1994	9,361	489	(18,105)
1995	5,645	(3,227)	(21,332)
1996	2,897	(5,975)	(27,308)
1997	4,177	(4,695)	(32,003)
1998	8,337	(535)	(32,539)
1999	13,521	4,649	(27,890)
2000	48,464	39,592	11,701
2001	12,136	3,264	14,965
2002	8,436	(436)	14,528
2003	7,514	(1,358)	13,170
2004	5,185	(3,687)	9,482
2005	5,792	(3,080)	6,402
2006	10,800	1,928	8,329
2007	7,701	(1,171)	7,158
2008	6,773	(2,099)	5,058
2009	3,814	(5,058)	(0)
Media	8,872		
Dev. St.	10,127		

La colonna O riporta i volumi venduti nel corso dell'anno; la colonna D riporta la differenza tra i volumi venduti nel corso dell'anno e la media dei volumi venduti in totale (8.872 volumi/anno) e Dcum rappresenta quest'ultimo valore cumulato anno dopo anno (infatti per esempio:

$$-12.712=-5.350-7.361$$

… e così via).

Lo schema è identico a quello dei deflussi dal lago Albert.

Dato che si tratta di un fenomeno di tipo sociale, non c'è motivo di pensare che non abbia long range memory.

Questo l'andamento di Dcum:

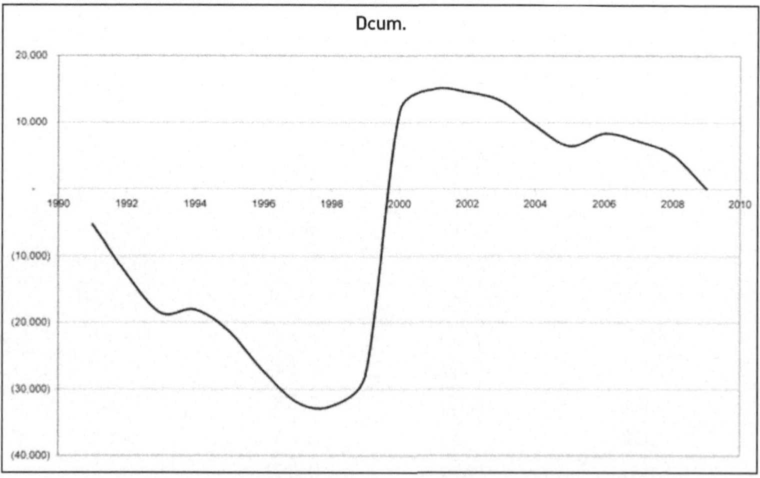

Come si evince dal foglio di lavoro *Libri*, la stima del livello corretto del magazzino tale da non far mai andare in rottura di stock e al tempo stesso garantire un flusso medio di 8.872 volumi l'anno è:

$$R=(N/2)^{0,72} \cdot s=(19/2)^{0,72} \cdot 10.127=51.221 \text{ volumi}$$

Semplice come pelare la solita banana.

Ricordiamo che andare in rottura di stock, cioè senza avere più volumi a magazzino, con la necessità di correre a ristamparli per far fronte alle vendite, è un danno pesante per l'editore e per l'autore, non solo in termini di – appunto – mancate vendite, ma anche in termini di immagine nei confronti della forza vendite, delle librerie, degli stessi lettori che normalmente non hanno la pazienza di aspettare alcuni mesi e si formano quindi un giudizio negativo cui è difficile rimediare successivamente. Il danno normalmente è maggiore del costo di mantenere uno stock che eviti l'accadere dell'evento.

Tuttavia quando si fanno delle stime bisogna anche sempre usare un grano di sale.

Nel caso specifico, si potrebbe anche ritenere che l'anno 2000 sia un *outlier*, una situazione di vendite irripetibile, perché la Borsa esplodeva sull'onda dei titoli internet e i miei manuali andavano letteralmente a ruba. Se questa fosse la decisione (di considerare il 2000 un *outlier*) si dovrebbe sostituire il dato di vendita del 2000 con – per esempio (non esiste una ricetta precisa) – la media fra i dati di vendita del 1991 e quello del 2001.

In tal caso[1] risulterebbe:

$$R = (N/2)^{0,72} \cdot s = (19/2)^{0,72} \cdot 3.554 = 17.977 \text{ volumi}$$

Quindi uno stock stabile di 18.000 volumi, circa il doppio delle vendite medie annue reali, dovrebbe garantire la bisogna. Ovviamente in un caso reale i calcoli potrebbero essere ulteriormente adattati, mettendo in conto stime sui costi delle rotture di stock, sui costi di mantenimento di uno stock ecc.

---

[1] Foglio di lavoro *Libri 1*.

Come evitare la bancarotta

Ecco un altro impiego immediato e molto semplice della formula di Hurst.

Riguarda il problema del cosiddetto *ritorno a zero* e se ne intuisce facilmente la portata.

Quando si ricava un guadagno da attività che hanno una componete casuale (le parcelle incassate da un avvocato, da un medico o anche la Borsa) il nostro conto in banca in periodi non favorevoli scenderà e, se scendesse a zero, non avrebbe più importanza se subito dopo arrivasse un periodo favorevole: noi non ne potremmo partecipare perché saremmo già usciti dal gioco (l'avvocato avrebbe chiuso lo studio per l'impossibilità di pagare l'affitto e lo stipendio della segretaria, per esempio).

Il pericolo del ritorno a zero è forse la maggiore componente di rischio insita nelle attività – come detto – che hanno una componente casuale – in pratica tutte, meno l'impiego statale (e negli ultimi tempi neppure quello).

Vediamo di caratterizzare in generale tale problema, cioè di costruirne un modello senza il quale abbiamo visto che è difficile se non impossibile ragionare.

Supponete quindi di fare un'attività che vi fornisce introiti con una forte componente casuale: potete commerciare, o anche fare il libro professionista… dal vostro conto corrente prelevate un reddito costante per vivere e il conto stesso viene alimentato dai guadagni con componente casuale.

L'ammontare del reddito costante è presto determinato: è la media degli introiti percepiti nel periodo sotto esame. Se infatti dal conto si prelevasse di più, esso nel tempo diminuirebbe fino a dissecarsi; d'altra parte non varrebbe la pena di prelevare di meno, perché l'obiettivo è quello di avere il massimo reddito disponibile possibile. Si spera – anche qui come nel caso del lago Albert – che il fenomeno sia stazionario e che quindi anche in futuro la media degli introiti si mantenga più o meno uguale, almeno ai fini di una pianificazione finanziaria.

Allora, a quanto deve ammontare il vostro conto per essere sicuri di non andare mai in rosso?

Facciamo un esempio di trading sul *future* dell'indice Dax della Borsa di Francoforte, fatto con un semplice trading system – cioè un algoritmo matematico che ci dice quando comperare e quando vendere – di nome Donkey[1]. Una sequenza di profit-per-trade realizzati tra novembre 2008 e gennaio 2009 è la seguente[2]:

Trade	O
1	(65.91)
2	(79.81)
3	(187.06)
4	8.54
5	4.59
6	(50.71)
7	(20.32)
8	88.06
9	149.72
10	18.06
11	(62.82)
12	12.55
13	(8.12)
14	72.95
15	123.82

[1] Di Lorenzo R., *Come Guadagnare in Borsa con il Trading Veloce*, Il Sole 24 ORE, 2010.
[2] Vedi foglio di lavoro *P&L*.

La tabella significa che nel primo trade Donkey ha perso € 65,91. nel secondo ha perso € 79,81 ecc. Per la cronaca, il totale dei profitti fatti nel periodo in esame è stato di € 744,29 con un investimento medio di € 5.020,46, quindi con un rendimento del 15%, e con un tasso di successo del 75% (cioè Donkey ha azzeccato la mossa nel 75% dei casi).

Siamo esattamente nella situazione dei deflussi dal lago Albert, il modello è identico.

La distribuzione è gaussiana (ce lo conferma il test di Kolmogorov-Smirnov):

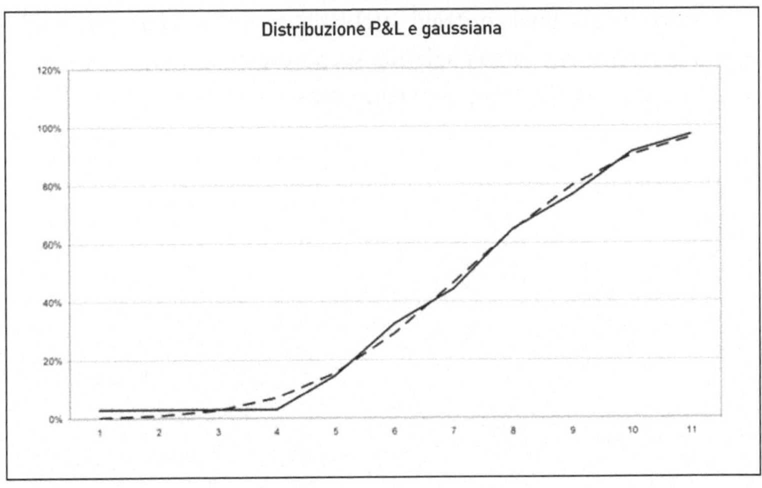

e le verifiche mostrano che c'è presenza di long range memory, come accade sempre quando siamo in presenza di fenomeni con una componente sociale. Poiché è:

$$N=34$$
$$s=73,15$$

è:

$$R=(N/2)^{0,72} \cdot s=(34/2)^{0,72} \cdot 73,15=562,49$$

Quindi per essere sicuro di non andare in rosso, sarà bene depositare sul conto poco meno di 600 euro per ogni contratto future lavorato.

Questo ammontare serve a combattere contro le oscillazioni dei prezzi; a esso deve essere aggiunto ciò che il broker chiede normalmente di depositare per farvi lavorare, cioè il cosiddetto *margine*, ma non ci vogliamo addentrare troppo nella materia.

Diciamo però che in questo modo avremo messo sotto controllo la parte di rischio più pericolosa in attività con componenti casuali, quella di cui non si trova quasi mai traccia nei testi: il rischio di bancarotta.

Ovvio che gli stessi conteggi sarebbe bene li facesse un imprenditore per evitare che la sua azienda sia sottocapitalizzata, con tutti i problemi che ciò normalmente comporta.

Storie di code

Prima di abbandonare il Nilo e l'ingegnere Hurst per altri lidi, ripetiamo che una densità di probabilità ha quasi sempre una forma cosiddetta *a campana*: gli eventi al centro dell'intervallo hanno una probabilità relativamente alta di accadere e gli eventi agli estremi del medesimo intervallo hanno una probabilità relativamente bassa di accadere.

Le parti della distribuzione ai due estremi si chiamano dunque *code*, e ci riferiamo alle parti, indicate con una freccia, della distribuzione e della sua densità – per esempio – nelle due figure che seguono. Dunque le code.

Nel nostro esempio riguardante il lago Albert sarebbe stato lecito che l'ingegner Hurst si fosse posto una domanda: con che probabilità

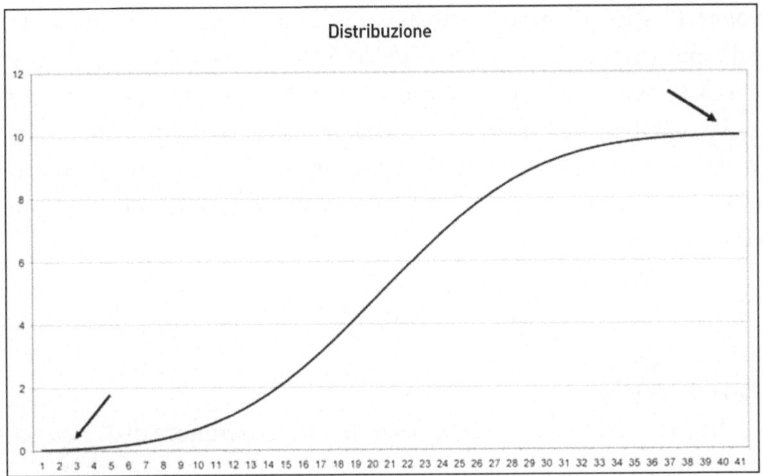

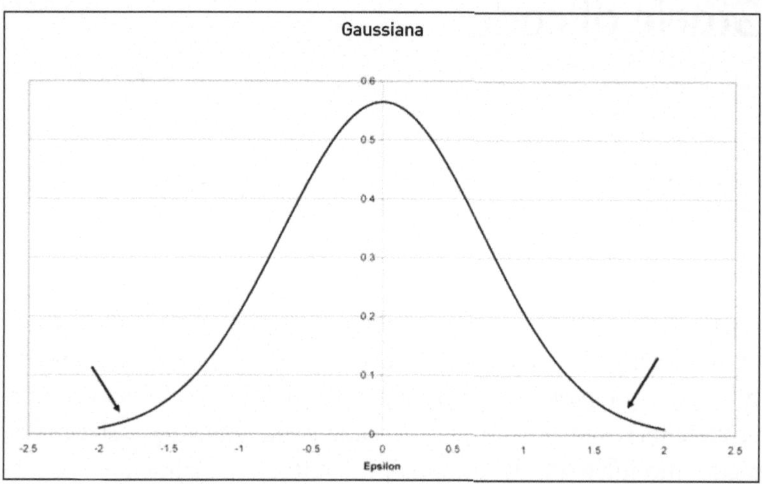

posso avere un deflusso dal lago Albert, inferiore alla media di ben 15 miliardi di metri cubi?

È chiaro che non è una domanda oziosa, perché se la probabilità non fosse trascurabile, diciamo per esempio dell'1,5%, essa sarebbe un evento 67-year.

Come vedremo subito appresso, un evento t-year è un fenomeno che si ripete in media ogni t anni. Quindi la sua probabilità è 1/t o, se volete, t^{-1}. Ricordiamoci infatti ancora che la probabilità di un evento è il rapporto tra i casi favorevoli all'accadere di quell'evento e il totale dei casi possibili. Se, per esempio, come si è visto, si lancia un dado, i casi possibili sono 6, quante sono le facce del dado, e la probabilità che si verifichi, sempre a mo' d'esempio, l'evento "esce un numero minore di 3", sono 2 (l'evento si verifica infatti se esce il 2 o l'1), quindi la probabilità di tale evento è

$$2/6=1/3$$

ossia il 33,33%.

La probabilità che l'evento "esce un numero minore di 3" *non* accada sarà poi

$$1-2/6=4/6=2/3$$

perché la probabilità che un evento accada più la probabilità che *non* accada debbono dare la certezza, cioè 1.

Così se t=100 anni, l'evento 100-year capiterà in media una volta su 100 volte possibili, con una probabilità quindi di

$$1/100=1\%$$

e la probabilità che non accada sarà

$$1-1/100=99/100=99\%$$

Così nel nostro caso, avendo una probabilità dell'1,5%, l'evento è del tipo:

$$1/(1,5/100)=66,67\approx67 \text{ anni}$$

Ma una diga è costruita per durare ben di più di 67 anni, e quindi un tale evento *sarebbe* da tenere in conto nella sua progettazione.

C'è però un problema: la coda sinistra della nostra distribuzione finisce a -11,19 miliardi di metri cubi; non arriva a -15 miliardi di metri cubi; per cui non abbiamo idea della probabilità con la quale si potrebbe verificare tale evento; potrebbe anche trattarsi di una probabilità assolutamente trascurabile, che lo renda, per esempio, un evento 300-year, quindi al di là della possibile vita utile di una diga… oppure no.

Che fare?

Bisogna *stimare* l'andamento della coda sinistra… alla sua propria sinistra.

Non c'è altro da fare.

Bisogna *inventarla*, per così dire.

E prima ancora di inventarla è necessario stabilire *come* fare, quali criteri usare per accettarla o rigettarla e via di seguito.

Come vedete stiamo avvicinandoci alla teoria della… divinazione ☺.

Di ciò si occupa, per tornare a bomba, la *teoria dei valori estremi*, e se già il grande Gauss ci aveva fatto un pensierino, c'è il sospetto che si tratti di roba difficile.

Ma niente paura.

La notte che le dighe cedettero

Nella notte tra sabato 31 gennaio e domenica primo febbraio 1953 le dighe che gli olandesi avevano pazientemente costruito per sottrarre terra fertile al mare, cedettero in vari punti nel corso di una tempesta violentissima. Morirono 1.835 persone per lo più sorprese nel sonno, soprattutto nella provincia sud-occidentale dello Zeeland, e molte delle terre costiere coltivate, tutte sotto il livello del mare e sottratte al mare, vennero sommerse.

Anche le coste dell'Inghilterra, Francia, Belgio e Danimarca subirono danni. Se ai morti olandesi si aggiungono quelli di Inghilterra, Belgio, Francia e Danimarca, il totale superò le 2.400 persone. Ma questi Paesi non avevano terreni sottratti al mare e protetti da dighe come l'Olanda, che quindi fu la più colpita.

La causa del disastro fu un'alta onda di marea che dall'Atlantico si portò verso la Scozia per poi curvare verso sud e puntare diritta sull'Olanda, combinata con una forte tempesta di vento da nordovest sull'Europa; le due cose, componendosi, causarono la crescita del livello del mare di 5,14 metri al di sopra del livello medio, ben oltre i livelli toccati nelle inondazioni del 1775, 1808, 1894, e 1916. La pressione statica dell'extra-livello dell'acqua e la forza dinamica delle onde sospinte dal vento fecero sì che le dighe cedessero e, ove non cedettero, che venissero superate dall'altezza del mare.

Si era in definitiva verificato un *evento estremo*, cioè un evento di cui gli ingegneri che avevano progettato le dighe non avevano tenuto conto giudicandolo *impossibile*.

Ovviamente, quando si dimensiona un'opera civile come una diga, o un ponte, o qualunque altra cosa, non la si può dimensionare in modo che resista *a tutto*, perché il suo costo sarebbe immenso e in aggiunta certamente sprecato, in quanto la probabilità che si verifichi *tutto*… è zero. Sorge quindi il problema del *dove* fermarsi, di *stimare* cioè quali siano gli eventi che debbono essere inclusi nel novero delle cose che possono capitare con probabilità sensibilmente diversa da zero.

Il Governo olandese istituì una commissione (che chiamò *Delta Committee*) per studiare il problema e una delle domande cui gli statistici e gli esperti dovevano rispondere era:

> Quale deve essere l'altezza delle dighe nelle diverse località, affinché siano evitati in futuro disastri di questa portata con una probabilità *sufficiente*?

Sembrerebbe una domanda ovvia, ma la risposta non è così ovvia.

Tradotta in linguaggio più tecnico, la domanda del Governo olandese richiedeva alla Delta Committee che si stabilissero i criteri per la riprogettazione delle dighe in modo che potessero resistere a un cosiddetto evento t-year, con t *abbastanza* grande.

Un evento t-year, come già ricordato, è un fenomeno che si ripete in media ogni t anni. Quindi la sua probabilità è $1/t$ o, se volete, t^{-1}. Così se t=100 anni, l'evento 100-year capiterà in media una volta su 100 volte possibili, con una probabilità quindi di

$$1/100 = 1\%$$

e la probabilità che non accada sarà

$$1 - 1/100 = 99/100 = 99\%$$

Nel caso delle dighe olandesi, e in modo più specifico, si cerca pertanto quell'altezza x_t della diga che – in un periodo di t anni – *non* sarà superato (in ciascun anno) con probabilità

$$1 - t^{-1}$$

Per esempio, se t=500 anni, si cerca l'altezza della diga che – in un periodo di 500 anni – *non* sarà superata in ciascun anno con probabilità

$$1-1/500=0,998=99,8\%$$

È chiaro che per rispondere alla domanda, ossia per stabilire con che probabilità una data altezza potrebbe essere superata, occorre esaminare la serie storica delle altezze raggiunte dal mare nel corso degli anni.

Infatti la probabilità che una certa altezza venga superata dalle onde è il rapporto tra il numero di volte che effettivamente è stata superata nel corso degli anni e (mettiamola così per non farla troppo lunga) il totale delle altezze possibili.

Qui nasceva però un problema serio[1] per la Delta Committee.

Infatti i dati disponibili per eseguire l'analisi erano le massime altezze annue raggiunte a cominciare dal primo record di cui sia stata conservata memoria, quello del 1570, che corrispondeva a (NAP+4)m. NAP sta per *Normal Amsterdam Level* e +4 significa che tale livello in quell'occasione era stato superato di 4 metri. L'evento del 1953 ebbe un (NAP+5,14)m.

Quindi la serie dei dati storici utilizzabili era abbastanza limitata.

La Delta Committee però, sulla base di tali dati storici, elaborandoci sopra, sottopose al Governo una serie di provvedimenti[2], e stimò che se li si fosse attuati le terre olandesi sarebbero state al sicuro contro un evento 10.000-year:

$$t=10.000$$

La conclusione quindi sorprendentemente eccedeva l'ampiezza disponibile dei dati storici, che certamente non copriva 10.000 anni, e quindi,

---

[1] Bassi F., Embrechts P., Kafetzaki M, Risk Management and Quantile Estimation, in: *A Pratical Guide to Heavy Tails*, Birkhäuser, Boston, 1998.

[2] Inaspettatamente il suggerimento non fu di alzare le dighe, ma di costruirle meglio, ossia di connetterle alle dune naturali in modo da costituire una barriera avanzata ininterrotta a difesa delle terre basse.
Gerritsen H., *What happened in 1953? The Bog Flood in the Netherlands in retrospect*, Phil. Trans. R. Soc. A 363, pubblicato online il 15 giugno 2005.

la parte della distribuzione di probabilità che poteva dare delle indicazioni in merito, giaceva al di fuori dell'intervallo coperto dai dati.

In definitiva, per tirare quelle conclusioni, la parte mancante della distribuzione di probabilità la si era *stimata* in qualche modo.

Era entrata di forza nelle applicazioni una teoria allora poco praticata e poco studiata: *la teoria dei valori estremi*, su cui, come già ricordato, aveva cominciato a riflettere perfino il grande Gauss fin dalla prima metà dell'Ottocento. Ricordo che Carl Friedrich Gauss è spesso definito "il più grande matematico della modernità" in opposizione ad Archimede, considerato dallo stesso Gauss come il maggiore fra i matematici dell'antichità.

Prima di entrare a piedi uniti nella matematica, visto che parliamo di diluvi, sarà forse il caso di ricordare qualcosa in proposito.

Analizzando le distribuzioni di probabilità dei deflussi dal lago Albert, un dubbio ci poteva venire: non sarà per caso che i fenomeni descritti, caratterizzati da una grande serie di piccole variazioni seguite da grandi variazioni isolate, abbiano a che fare con gli eventi estremi che hanno distrutto le dighe olandesi? Non sarà che la natura – ma forse anche la società – ha questo *strano* comportamento: tempeste improvvise (quello che Mandelbrot non a caso ha chiamato[3] *effetto Noè*) e di breve durata intervallano periodi relativamente lunghi e di relativa calma, e questa è in effetti una delle caratteristiche dei fenomeni del mondo?

E non sarà che tutto ciò è stato osservato fin dall'inizio dei tempi, anche se solo qualitativamente? Forse sì.

Nella mitologia germanica, in effetti, già si racconta addirittura di due diluvi separati. Il primo si ebbe all'alba dei tempi, prima che il mondo venisse creato. Il secondo diluvio è invece destinato ad accadere nel futuro durante la battaglia finale tra gli dei e i giganti.

Si narra che i primi abitanti dell'Irlanda venissero quasi tutti spazzati via da un inondazione 40 giorni dopo che ebbero raggiunto l'isola. Si salvò soltanto una persona. Più avanti l'isola venne ripopo-

---

[3] Mandelbrot B., *Fractals and Scaling in Finance*, Springer, 1997.

lata ma un altro diluvio uccise tutti gli abitanti tranne una trentina, che si sparsero per il mondo.

Grecia: Deucalione e Pirra, due anziani coniugi senza figli, furono scelti per salvarsi dal diluvio che sarebbe caduto sulla terra e per far rinascere quindi l'umanità.

Nel settimo e ottavo capitolo della Genesi si narra di Noè. Incaricato da Dio di costruire un'arca per raccogliere tutti gli animali terrestri, all'inizio della catastrofe si rifugia all'interno dell'imbarcazione con la moglie, i figli e le loro mogli. Per quaranta giorni e quaranta notti la tempesta ricopre la superficie terrestre, fino alle montagne più alte.

Il mito sumerico dell'epopea di Gilgamesh è simile al racconto di Noè: un antico re di nome Utnapishtim fu invitato dal suo dio personale a costruire un battello, nel quale avrebbe potuto salvarsi dal diluvio inviato dal consesso degli dei.

Nord America: il male e la cattiveria tra gli uomini crebbero al punto di uccidersi tra di loro. Questo causò un grande dispiacere al dio-creatore-sole, che pianse lacrime che divennero pioggia, sufficienti a creare un diluvio.

Sempre Nord America: le persone disobbedirono molte volte al loro creatore Sotuknang. Egli distrusse quindi il mondo la prima volta col fuoco, poi col gelo, e lo ricreò entrambe le volte per le persone che ancora seguivano le sue leggi, le quali sopravvissero nascondendosi sottoterra. Quando le persone divennero corrotte e bellicose per la terza volta. Sotuknang li portò dalla Donna Ragno, ed ella tagliò canne giganti e riparò le persone nelle cavità dei gambi. Sotuknang quindì causò una grande inondazione, e le persone galleggiarono sulle acque nelle loro canne. Le canne quindi si posarono su di una piccolo pezzo di terra, e le persone emersero, con tanto cibo quanto ne avevano all'inizio.

Da notare che, quanto meno le leggende che si svolgono in ambito europeo, o più specificamente mediterraneo, potrebbero avere come radice comune la effettiva rapida salita delle acque nel bacino del Mar Nero, verificatasi oltre settemila anni fa, a causa della rottura della diga naturale costituita dallo stretto del Bosforo.

Torniamo dunque al nostro problema: come si fa a stimare dei dati che non ci sono? È evidente che tutto ciò ha a che fare con lo studio delle code delle distribuzioni (ed eventualmente a come prolungarle), perché sono le code che ci danno informazioni sugli eventi rari, quelli con una bassa probabilità di accadere.

Quando parliamo di *code*, ovviamente, ricordiamo, come abbiamo già visto, che ci riferiamo alle parti indicate con una freccia della distribuzione e della sua densità, per esempio, nelle due figure che seguono.

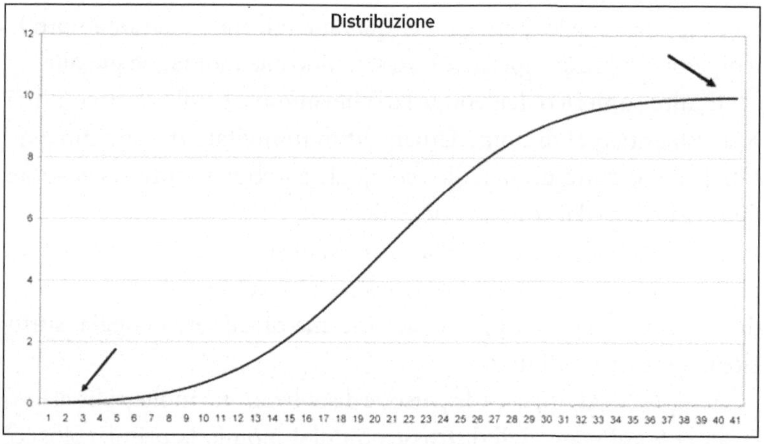

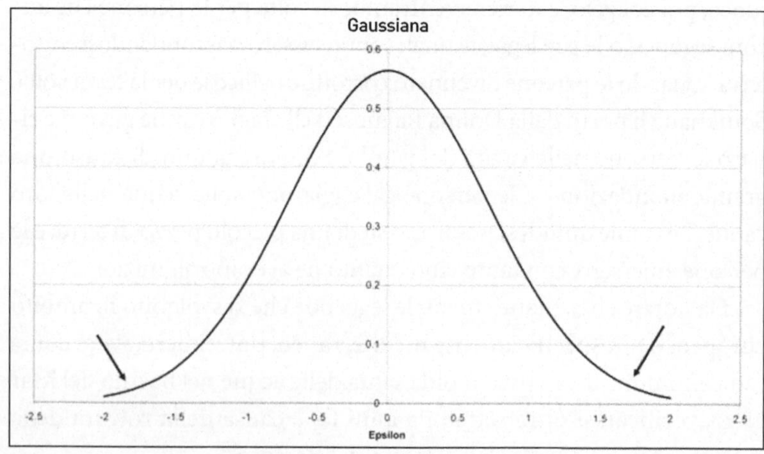

Studiamole allora un po' da vicino, queste code.

Grasse e no

Consideriamo[1] l'indice (PMI) mensile sull'andamento della produzione manifatturiera negli Stati Uniti d'America dal 1948 al 2010, così come rilevato dall'ISM[2], l'*Institute for Supply Management*:

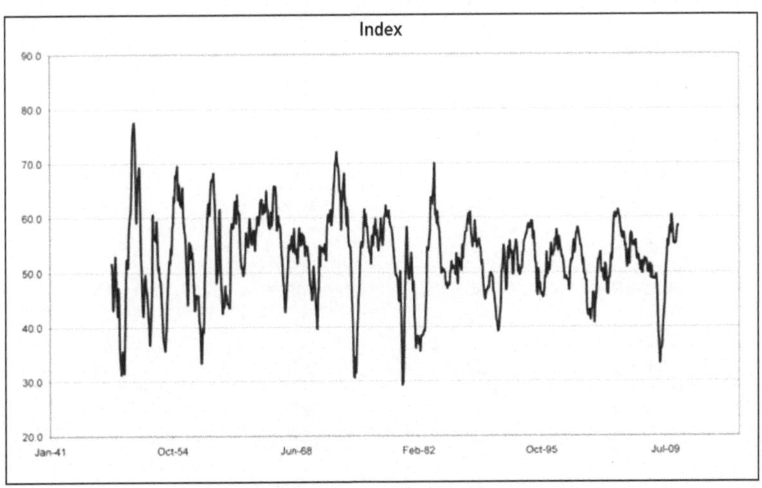

In sé, almeno a prima vista, l'andamento dell'indice PMI dice e non dice: somiglia molto a quello che in elettronica si chiama *rumore*. Ma non è di questo che vogliamo occuparci.

Ci interessa invece un parametro che influenza moltissimo le decisioni di politica economica, e quindi le vite dei cittadini: ossia la va-

---

[1] Foglio di lavoro *Mfg Indexes*.
[2] Vedi: http://www.ism.ws/ismreport/mfgrob.cfm

riazione della produzione manifatturiera da un mese all'altro.

Avrete infatti senz'altro sentito parlare periodicamente in televisione di incrementi e decrementi di produzione nei diversi Paesi del mondo e di conseguenza avrete udito quali sono state le reazioni a questi dati dei Governi, delle Banche Centrali ecc. in termini di conseguenti variazioni dei tassi di interesse, degli investimenti in opere pubbliche ecc., decisioni da cui poi in definitiva dipende l'aumento o la diminuzione dell'occupazione, che è l'argomento principe che interessa alla gente comune.

	Index	Change	
	51.7		Max
Feb-48	50.2	-2.90%	30.00%
Mar-48	43.3	-13.75%	min
Apr-48	45.4	4.85%	-21.39%
May-48	49.5	9.03%	media
Jun-48	53.0	7.07%	0.17%
Jul-48	48.4	-8.68%	dev.st
Aug-48	45.1	-6.82%	5.50%
Sep-48	42.1	-6.65%	N°
Oct-48	47.2	12.11%	747
Nov-48	42.4	-10.17%	
Dec-48	35.0	-17.45%	
Jan-49	32.9	-6.00%	
Feb-49	31.3	-4.86%	
Mar-49	34.5	10.22%	
Apr-49	35.5	2.90%	
May-49	32.6	-8.17%	
Jun-49	31.6	-3.07%	
Jul-49	39.0	23.42%	
Aug-49	47.0	20.51%	

Fonte: ISM, Institute for Supply Management

Ecco: vogliamo capire se la struttura statistica di queste variazioni della produzione (americana in questo caso) ci fornisce un modello interpretativo oppure no.

La tabella delle variazioni della produzione è presto fatta con un foglio di lavoro (vedi pagina precedente).

Come vedete si è calcolato anche ciò che si calcola normalmente quando si analizza una qualunque serie di dati: il valore massimo, quello minimo, la media, la deviazione standard e quanti campioni stiamo considerando (747 nel nostro caso).

Con pochi passaggi del tipo già fatto e che risulteranno ben comprensibili a chi esaminerà il foglio di lavoro *Mfg Indexes* si arriva a disegnare la distribuzione[3] delle variazioni mensili:

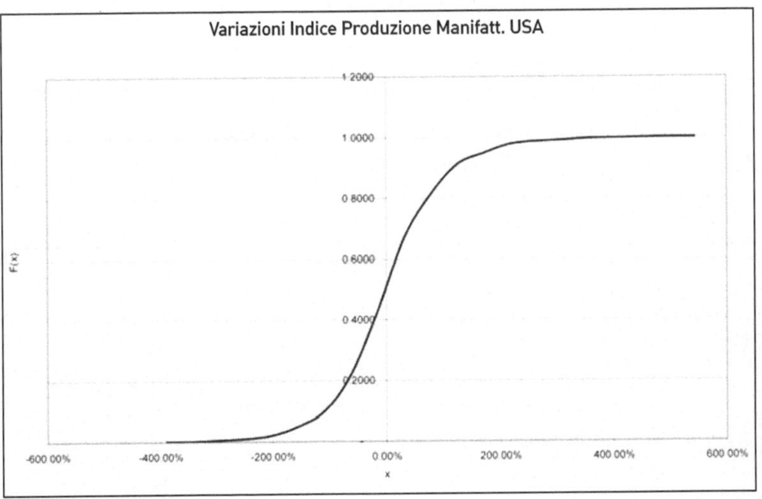

e la relativa curva della densità (vedi figura in alto a pagina seguente).

In definitiva nessuna sorpresa: abbiamo ottenuto le solite forme: a S per la distribuzione e a campana per la densità.

---

[3] Ai più attenti di voi non sfuggirà che c'è qualche imprecisione grafica. Ciò è dovuto al fatto che i fogli di lavoro hanno delle limitazioni intrinseche a questo riguardo.

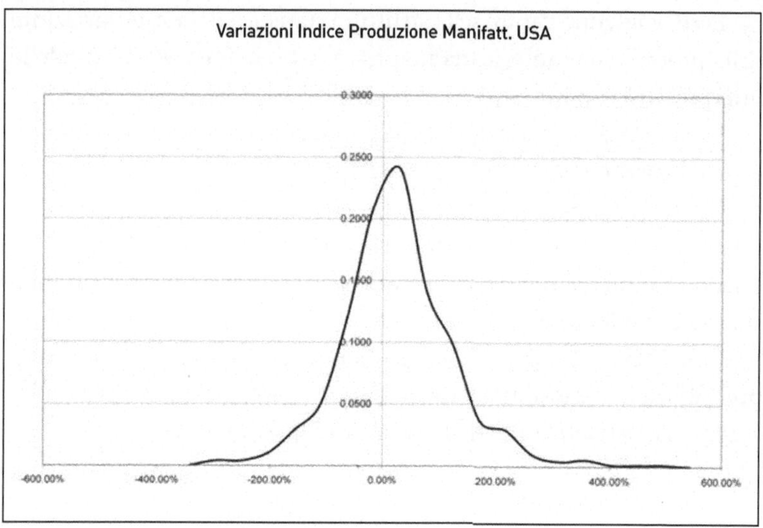

Se però alle due curve sovrapponiamo le forme gaussiane, ci saltano subito agli occhi delle differenze importanti, molto più evidenti sulla densità che non sulla distribuzione:

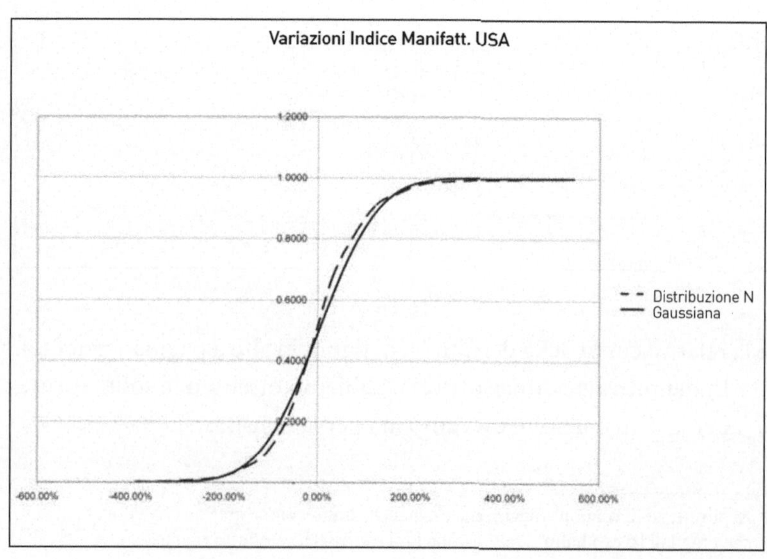

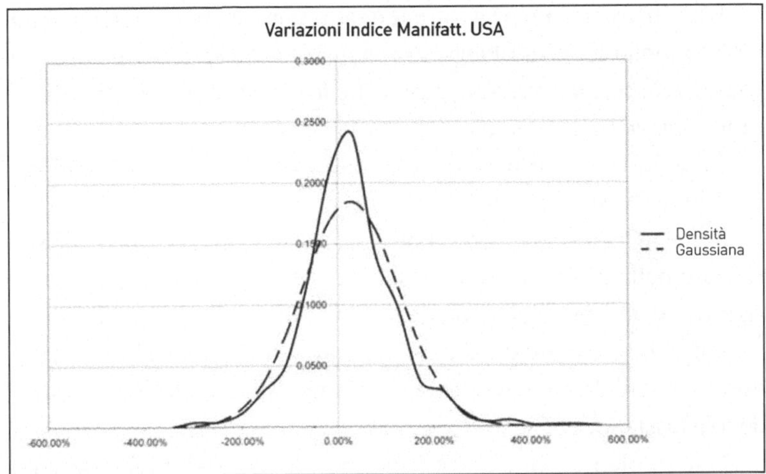

Come vedete (ripeto: in modo più evidente sulle curve della densità che non su quelle delle distribuzioni):

- le code dell'indice della (variazione della) produzione sono più *grasse* di quelle gaussiane;
- il picco della testa della densità della (variazione della) produzione è molto più alto di quello gaussiano;
- i fianchi della densità della (variazione della) produzione sono più bassi di quelli gaussiani.

Una densità di questo tipo in statistica si chiama *leptocurtica,* e la si ritrova praticamente senza eccezioni in tutti i fenomeni di tipo economico (e non solo).

L'interpretazione di una densità leptocurtica è immediata: la (variazione mensile della) produzione USA ha molte più variazioni *piccole* di quanto uno si aspetterebbe in base al modello gaussiano e molte più variazioni *grandi,* scarseggiando invece le variazioni *medie.*

Anche nelle variazioni mensili della produzione USA (ma avviene lo stesso anche per gli altri Paesi) troviamo quindi l'andamento tipico di molti fenomeni naturali e sociali che già abbiamo analizzato: si procede molto *tranquillamente* per lungo tempo e poi all'improvviso si ha uno scoppio importante con *grandi* variazioni (l'effetto Noè di Mandelbrot).

Forse troverete anche in queste analisi una eco, per esempio, di un detto popolare: *ai cani magri vanno dietro le mosche*, a esprimere la constatazione, anch'essa popolare, che *le disgrazie* (ma anche le fortune) *non vengono mai sole*.

In definitiva continuiamo a trovare conferme che gli eventi del mondo per così dire si *impacchettano*, non si *alternano*.

Sorge la legittima curiosità di sapere se la distribuzione delle variazioni della produzione mensile USA non siano (o magari siano) rigorosamente gaussiane nonostante la differenza evidente di forma.

Potrebbe essere infatti che dal punto di vista statistico le differenze non siano tali da far concludere che siamo caduti al di fuori del modello gaussiano.

Noi sappiamo come fare a rispondere a questo dubbio: useremo anche questa volta il test di Kolmogorov-Smirnov. Ve lo ricordo: si misura innanzitutto la distanza massima fra le due distribuzioni.

Nel nostro caso troviamo che è 0,059. Questo valore lo si paragona con quello (detto *critico*) che si ricava da questa formula:

$$\text{test} = 1,63/(n)^{0,5}$$

dove n rappresenta il numero di campioni usati.

Nel nostro caso $n=747$ e quindi è

$$\text{test} = 0,060$$

Se la massima distanza tra le due curve è inferiore al valore critico 0,060 è molto probabile, diciamo così, che non ci sia alcuna differenza statistica tra di esse.

Dato che nel nostro caso è:

$$0,059 < 0,060$$

appare molto plausibile che il modello gaussiano sia adeguato a rappresentare il processo che stiamo esaminando, nonostante la chiara differenza visiva tra le due densità, differenza sulla quale dovremo per forza tornare.

Questo comunque il responso del test di Kolmogorov-Smirnov nel nostro esempio.

Un'altra domanda legittima che possiamo porci è se esista un criterio per stabilire la *grassezza* delle code.

Potrebbe sembrare un esercizio accademico, ma come vedremo in realtà esso getta luce su un'altra caratteristica rilevante delle code grasse.

Se indichiamo con F(x) la distribuzione e con x il valore riportato sull'asse delle ascisse:

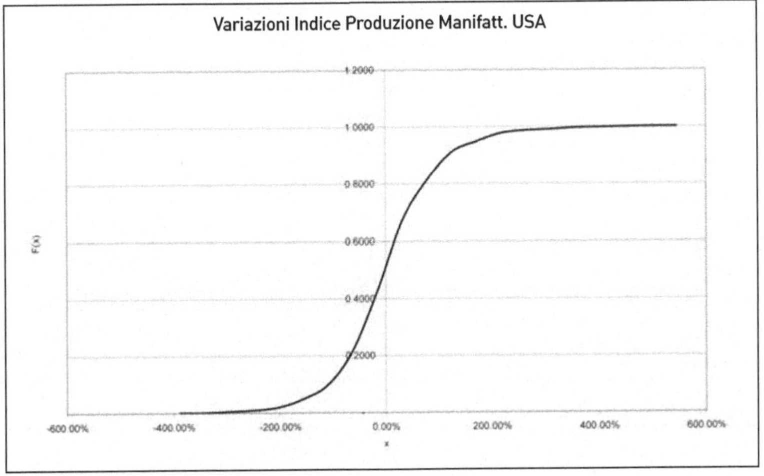

nella parte finale della distribuzione, a destra, la coda si definisce *grassa* se:

$$F(x) \sim x^{\alpha} \quad \text{per } x \to \infty$$

e quindi, prendendo i logaritmi di entrambi i membri, dovrà essere:

$$\ln F(x)/\ln x \sim -\alpha \quad \text{per } x \to \infty$$

In altri termini: il grafico del logaritmo della distribuzione verso il logaritmo della variabile indipendente nel caso di code grasse dovrà essere una retta. Tale retta avrà pendenza negativa. Il suo coefficiente angolare viene denotato di solito con α.

L'idea di questa misura viene dalla considerazione della prima e più famosa distribuzione con le code grasse, che è quella di Pareto (vedi oltre), e che soddisfa appunto a questa condizione.

A mo' d'esempio, e solo per illustrare il punto, riportiamo l'andamento di $\ln F(x)$ in rapporto a $\ln(x)$ per la distribuzione dell'indice PMI:

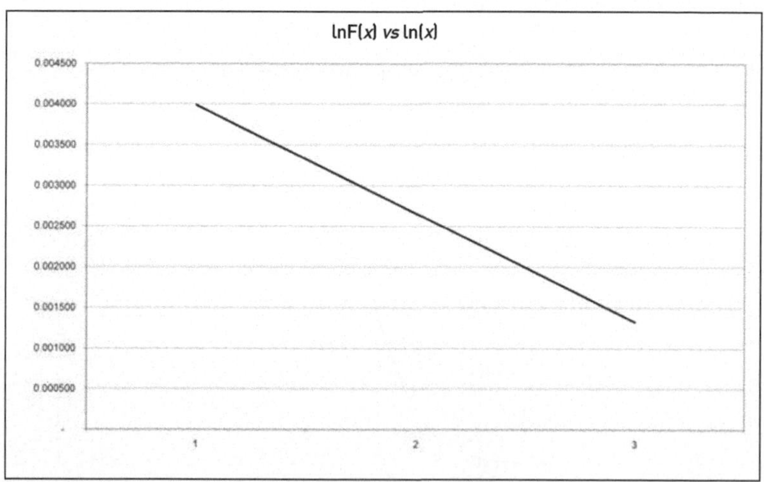

e come si vede si tratta effettivamente di una retta. Lo stesso grafico tracciato per la distribuzione gaussiana fornisce invece l'andamento visualizzato nella figura della pagina seguente, che non è una retta.

I valori di alfa nei due casi sono (si veda il foglio di lavoro):

	alfa
distribuzione	-1.147E-02
gaussiana	-8.216E-04

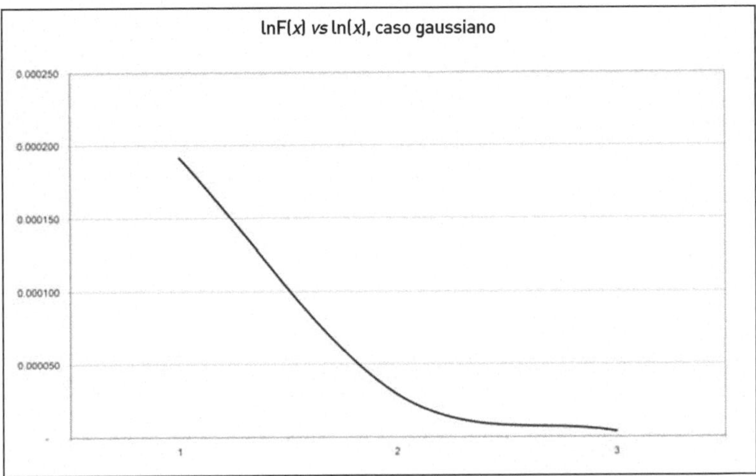

Si tratta di valori molto piccoli perché in quella zona le due curve sono quasi orizzontali, tuttavia si constata che la pendenza della distribuzione dell'indice PMI è molto più accentuata della pendenza della gaussiana.

In definitiva:

- La presenza di code grasse in un fenomeno rende possibile il verificarsi dell'effetto Noè, e quindi rende molto meno prevedibile (e programmabile) il futuro; per esempio la produzione industriale di una Nazione ha queste improvvide caratteristiche e quindi richiede alla politica, per fronteggiare l'imprevisto, l'approntamento di risorse di riserva più ingenti.

- Come mostrato, la presenza di code grasse è verificabile con calcoli molto semplici che non necessitano altro che un normale foglio di lavoro.

- È di fatto sufficiente una *visual inspection* del grafico $\ln F(x)$ *vs* $\ln(x)$ – verificando se sia o no una retta – per stabilire la presenza di code grasse e quindi di possibili effetti Noè.

Pareto

Non sarà inutile, in rapporto ai nostri obiettivi di analisi della prevedibilità del mondo, ricordare alcune caratteristiche della già menzionata distribuzione di Pareto.

Il tutto nacque quando Vilfredo Pareto (1812-1882) volle investigare l'allocazione della ricchezza ai diversi strati che compongono la società e trovò che il 20% della popolazione deteneva l'80% delle ricchezze. Più in generale si può dire, come è del resto ovvio, che le piccole ricchezze individuali sono piuttosto diffuse nella popolazione, ma man mano che aumenta tale livello di ricchezza individuale il numero di persone che la detengono diminuisce stabilmente.

Detta in linguaggio probabilistico: la frequenza con cui si incontra in una popolazione un alto (basso) livello di ricchezza individuale è bassa (alta). Detta in altro modo ancora: incontrando una persona qualunque della popolazione è bassa (alta) la probabilità che abbia un alto (basso) reddito individuale.

Detta così non fa meraviglia.

Ciò che è più interessante è la forma analitica della distribuzione trovata da Pareto, che è la seguente:

$$F(x)=1-(x_m/x)^\alpha$$

la quale implica[1] la seguente forma per la densità:

$$f(x)=\alpha x_m^{\ \alpha}/x^{(\alpha+1)}$$

---

[1] Infatti $f(x)$ è la derivata di $F(x)$.

dove:

- x_m è il livello minimo osservato o convenzionale di ricchezza individuale;
- x è il livello generico di ricchezza individuale di cui vogliamo stabilire la probabilità;
- $f(x)$ è appunto tale probabilità;
- $F(x)$ è la distribuzione delle x, cioè l'integrale di $f(x)$.
  L'andamento di $f(x)$ e di $F(x)$ è ben noto:

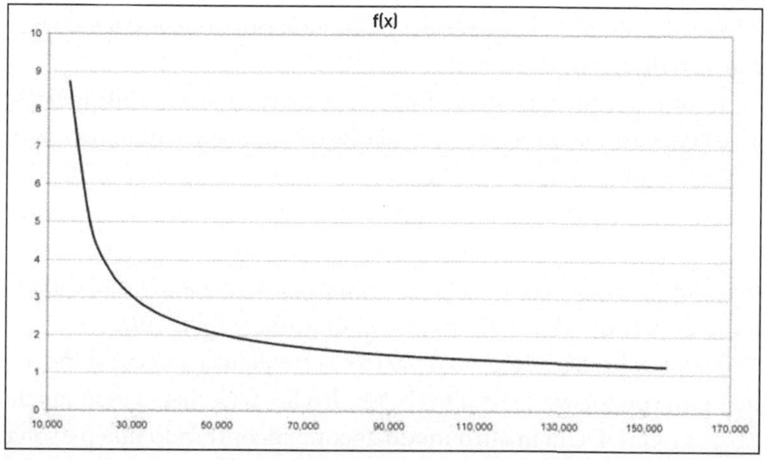

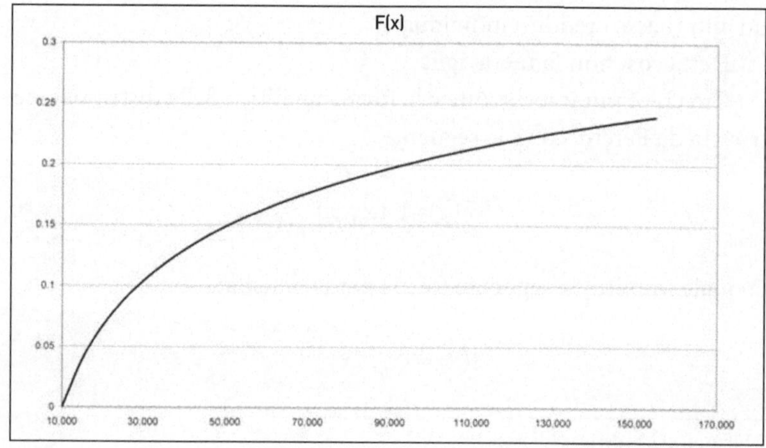

Dunque, a parte un fattore di scala, la distribuzione della ricchezza fra la popolazione è della forma:

$$F(x) \sim x^{-\alpha} \quad \text{per } x \to \infty$$

e quindi ha code grasse.

Ciò che però è ancor più interessante, è il fatto che ci si accorse nel seguito che questa di Pareto è anche la distribuzione di fatti di natura molto diversa, che quindi essi pure hanno code grasse.

Per esempio[2]:

- La dimensione dei file scambiati su internet: vengono trasmessi molti file piccoli e pochi grandi.
- Le riserve di petrolio mondiali: pochi giacimenti sono molto grandi e una miriade di giacimenti sono piccoli.
- Le variazioni giornaliere di prezzo delle azioni (si verificano molte variazioni piccole e poche grandi o molto grandi).
- Le aree bruciate negli incendi di foreste e campi hanno distribuzione di tipo Pareto.
- La pioggia caduta in un giorno in una certa area ha distribuzione del tipo Pareto, con pochi diluvi e molte piogge nella media.
- Le dimensioni degli insediamenti umani: ci sono sulla terra poche grandi città e una quantità di piccoli villaggi.
- Le dimensioni dei granelli di sabbia e dei meteoriti caduti sulla terra seguono una legge di tipo Pareto.
- I danni pagati dalle Assicurazioni per incidenti d'auto e altre calamità hanno la medesima distribuzione.
- Ecc.

Dunque sembra che il mondo, anche nei fatti meno correlati fra loro, preferisca proprio l'*impacchettamento* degli eventi piuttosto che la loro uniformità e che quindi il modello i.i.d – molto più semplice – sia il meno privilegiato e non il contrario.

---

[2] Esempi tratti da Wikipedia.

Altre code grasse

Il teorema limite centrale – come si è detto – stabilisce che ogni volta che una variabile è la somma aritmetica di molte variabili casuali indipendenti e con la stessa distribuzione di probabilità[1], la sua distribuzione è gaussiana.

Questo è un caso che si incontra molto spesso in pratica, tipicamente tutte le volte che si ha a che fare con le variazioni nel tempo di un certo parametro. Per esempio la variazione giornaliera di prezzo di un cambio tra due valute sul Forex è la somma delle variazioni di prezzo a 15 minuti, o a 5 minuti, o a mezz'ora…

Spesso, inoltre, una singola variazione del parametro (per esempio il prezzo del cambio Euro/Dollaro campionato a 15 minuti) può essere ragionevolmente modellizzata ipotizzando che essa sia dovuta alla somma di molte cause indipendenti ed equiprobabili, spesso piccole, e quindi la sua distribuzione ne dovrebbe risultare gaussiana.

Allora nel caso in cui la distribuzione delle singole variabili sia gaussiana, anche la distribuzione della loro somma è gaussiana per il teorema limite centrale, e quindi avremmo la curiosa situazione in cui sono identiche le distribuzioni delle variabili singole che compongono la somma e quella della loro stessa somma.

Questo ci conduce, come già ricordato, al problema risolto nel 1924 da P. Lévy (1886-1971), che in certo senso è l'inverso e che possiamo formulare così: quali sono le distribuzioni più generali che hanno questa singolare proprietà, cioè per le quali, appunto, sono identiche le distribuzioni delle variabili singole che compongono la somma e

---

[1] In realtà il teorema è valido anche sotto condizioni meno restrittive, ma a noi basta così.

quella della loro somma? Solo la gaussiana ha questa proprietà? La risposta è che ha questa proprietà una intera classe di distribuzioni di cui la gaussiana è solo un esempio: si tratta delle distribuzioni *stabili*.

Non è qui il caso di entrare nel dettaglio della forma analitica di tali distribuzioni, anche perché non la si conosce in forma esplicita salvo che in due casi[2], ma il loro interesse deriva dal fatto che, calcolate numericamente, esse hanno le code grasse e sono leptocurtiche esattamente come lo sono le distribuzioni sperimentali di molti dati, tipo quella dell'indice della produzione manifatturiera USA che abbiamo già esaminato.

Una anomalia ha sempre disturbato l'analisi delle *time series* di dati di questo tipo, perché la loro distribuzione *dovrebbe essere* gaussiana, o addirittura *risulta* gaussiana – per esempio al test di Kolmogorov-Smirnov – ma la gaussiana *non è* ovviamente leptocurtica.

Non è difficile portare un altro esempio di tipo economico-sociale: scaricando da Yahoo i dati delle chiusure giornaliere dell'indice di borsa Dow Jones Industrial Average negli ultimi dieci anni e riportandole su un foglio di lavoro si ottiene una densità decisamente leptocurtica, la seguente:

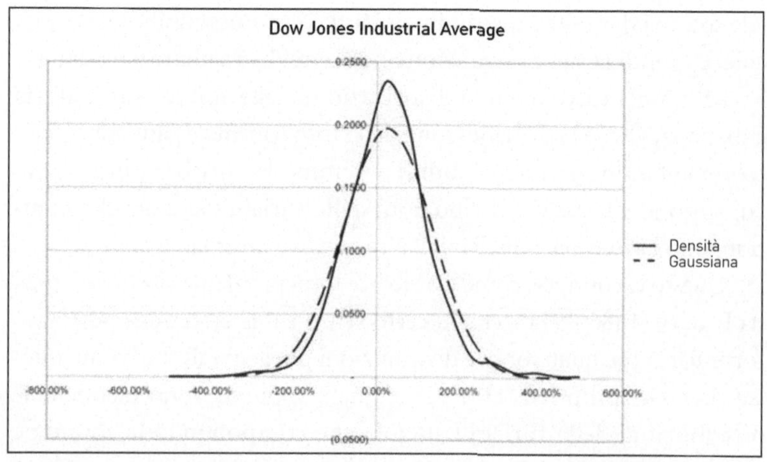

---

[2] Feller W., *An Introduction to Probability Theory and Application*, II vol., Wiley 1971.

E anche se nuovamente il test di Kolmogorov-Smirnov si pronuncia a favore della gaussianità, tuttavia l'accumularsi dei casi leptocurtici rende evidente che in tutto ciò c'è una distonia da sanare.

La domanda è allora: esiste una famiglia di distribuzioni molto affine alla gaussiana che tuttavia dà origine a distribuzioni leptocurtiche?

La risposta è sì: si tratta delle distribuzioni stabili di Lévy, dette anche di Pareto-Lévy[3] per via delle code grasse. Esse, si dice che sono *attrattori* dei fenomeni i.i.d, che quindi possono essere da esse rappresentati.

Può lasciare interdetti la circostanza che per il teorema limite centrale l'unico attrattore di questi fenomeni dovrebbe essere la gaussiana.

Dov'è l'inghippo?

Si è detto che noi stiamo studiando una variabile casuale che è la somma di molte altre variabili casuali che hanno la stessa distribuzione. Bene: l'inghippo sta nel fatto che l'attrattore dei fenomeni i.i.d è la gaussiana se le distribuzioni delle componenti la somma hanno una distribuzione con varianza finita. Se consideriamo un caso più generale e si rilascia (perché no?) la richiesta che la varianza delle singole distribuzioni dei componenti sia finita, la distribuzione limite è stabile.

Siamo di fronte, in altri termini, a una generalizzazione del teorema limite centrale.

Studi hanno mostrato che sono stabili molte distribuzioni incontrate in natura e nella società. Per esempio:

- il campo gravitazionale delle stelle (la distribuzione di Holtsmark);
- alcuni fenomeni connessi al moto browniano;
- la distribuzione del reddito fra la popolazione, già vista a proposito di Pareto;
- è stabile la popolare distribuzione di Cauchy, usata in fisica per modellizzare molti fenomeni: la risonanza forzata, le linee spettrali e alcuni tipi di radiazioni;
- ecc.

---

[3] Un'altra dizione usata è: *distribuzioni alfa-stabili di Lévy*.

Si accumulano quindi evidenze che l'immagine di un mondo alfastabile, leptocurtico e con code grasse, per di più dotato di long range memory, stia spodestando la vecchia icona del mondo gaussiano e senza memoria che per tanti anni ci ha tranquillizzato con le sue forme analitiche eleganti e soprattutto risolvibili.

Chissà se Cassandra lo ha mai sospettato.

Meno male che ci sono i computer, sennò, senza la possibilità di simulazioni digitali, davvero oggi brancoleremmo nel buio.

La ricostruzione dell'ignoto

Si è già detto che quando non si hanno abbastanza dati storici per tenere a bada gli eventi t-year è necessario in un certo senso inventarseli, questi dati storici, o meglio: estrapolare in qualche modo le code della loro distribuzione, che ne sono in definitiva una rappresentazione.

Abbiamo introdotto l'argomento parlando della rottura delle dighe olandesi nel 1953.

Si occupa di questo problema la teoria dei valori estremi[1], formalizzata per lo più da E. J. Gumbel (1891-1966) negli anni '40 del secolo scorso. La teoria nacque per comprendere l'andamento dei valori massimi e minimi di un processo i.i.d., e quindi ha evidentemente a che fare con le code delle distribuzioni.

Va detto che tracce della sua nascita si trovano già in Nicolaus Bernoulli (1687-1759), che nel 1709 dissertò, per caratterizzarla, sulla distanza media più grande che passa fra n punti che giacciono in maniera casuale su una retta di lunghezza l e l'origine. Successivamente la teoria venne utilizzata per lo più dagli astronomi per poter decidere se utilizzare o rigettare i cosiddetti *outliers*, cioè i dati sperimentali che erano apparentemente troppo grandi o troppo piccoli in rapporto a tutte le altre osservazioni: si trattava di dati *veri* oppure di semplici errori di misura?

Due altri precursori furono Leonard Tippett (1902-1985) e Ronald Aylmer Fisher (1890-1962) che per la British Cotton Industry Research Association lavorarono sulla statistica riguardante la rottura delle fibre di cotone.

---

[1] Kotz S., Nadarajah S., *Extreme Value Distributions*, Imperial College Press, 2000.

Dagli anni '40 del secolo scorso la teoria venne applicata a una grande varietà di tematiche: la durata della vita umana, le emissioni radioattive, la resistenza dei materiali, l'analisi delle inondazioni, l'analisi dei terremoti, e molto altro. Le banche in qualche modo valutano la probabilità di eventi molto rari, come le grandi frodi, usando questa teoria, così come gli ecologisti si servono anch'essi di questa teoria per valutare il pericolo di invasioni massicce di specie anomale che possano squilibrare gli assetti naturali della biosfera.

Un utilizzo curioso della teoria[2] si ebbe di recente quando si stimò il minor tempo possibile (*the ultimate record*) nel quale un essere umano può correre i 100 metri piani, trovando 9,51 secondi per i 100 metri maschili e 10,33 secondi per i 100 metri femminili. Tecnicamente si tratta di individuare le caratteristiche statistiche dei valori massimi e dei valori minimi dei campioni su un certo intervallo temporale, un po' come viene fatto per i soli valori massimi nel foglio di lavoro *Mfg Indexes 1*.

In tale foglio si riportano in colonna i valori massimi dell'indice PMI (già visto) su un arco di 17 giorni, e quindi si ricavano la distribuzione e la densità di questi valori massimi, che sono a prima vista indistinguibili da quelle dei valori dell'indice PMI ricavate a suo tempo:

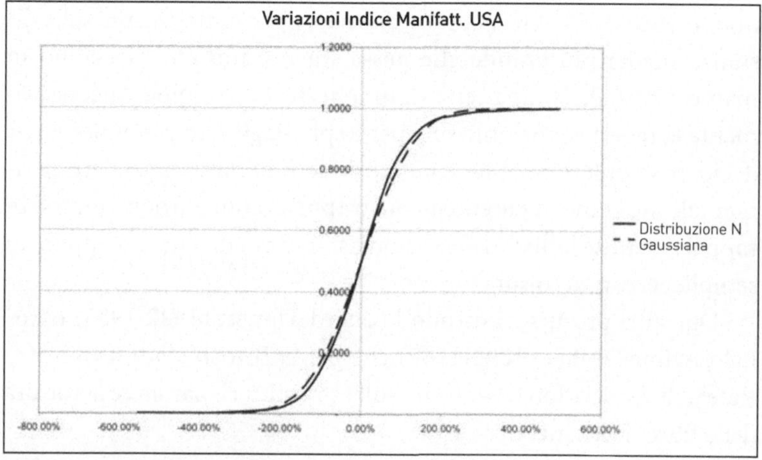

---

[2] http://arno.uvt.nl/show.cgi?fid=95436

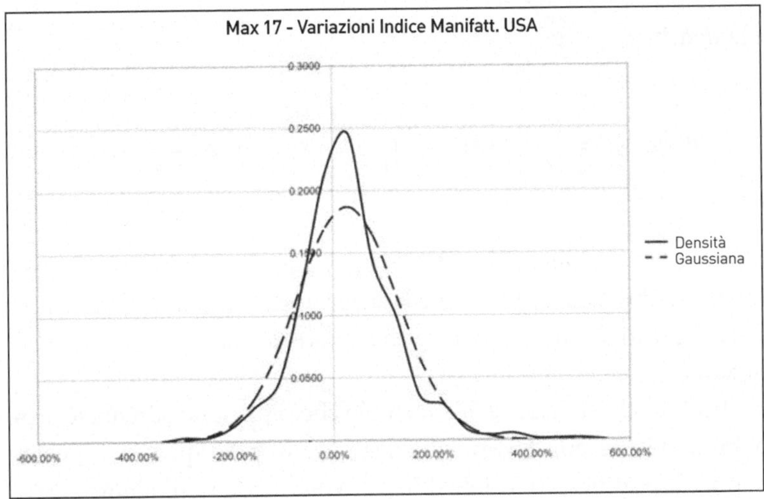

Tuttavia ci attende una sorpresa che proviene dal test di Kolmogo-rov- Smirnov:

max	0.062
t	**0.060**
test	non gaussiana

La distribuzione dei massimi a 17 giorni non è gaussiana.

Come sarà fatta allora questa distribuzione?

Ce l'hanno insegnato tutti coloro che ho ricordato – e altri – che hanno appunto lavorato analiticamente su queste alchimie.

Ve la riporto qui di seguito per pura curiosità, senza indulgere in sviluppi matematici che appesantirebbero indebitamente un testo che vuole invece essere il più possibile… "vaporoso", per così dire.

Questa è la distribuzione:

$$F(x;\mu,\sigma,\xi) = \exp\left\{-\left[1+\xi\left(\frac{x-\mu}{\sigma}\right)\right]^{-1/\xi}\right\}$$

e la densità è questa:

$$F(x;\mu,\sigma,\xi) = \left\{ \frac{1}{\sigma} \left[1+\xi\left(\frac{x-\mu}{\sigma}\right) \right]^{(-1/\xi)^{-1}} \exp\left\{ -\left[1+\xi\left(\frac{x-\mu}{\sigma}\right) \right]^{-1/\xi} \right\} \right.$$

dove x è la variabile indipendente. I parametri μ e σ hanno la stessa funzione che hanno la media e la deviazione standard in una gaussiana, mentre ξ è un parametro che determina la forma della distribuzione.

Ecco: è usando queste due formule che si possono stimare le probabilità degli eventi t-year, cioè degli eventi per i quali non possediamo dati sufficienti. Come dire: la ricostruzione dell'ignoto.

E adesso non ne parliamo più: abbandoniamo cioè queste formule nelle braccia degli appassionati, per arrivare al cuore pratico del nostro discorso: la previsione.

E la previsione?

Quando si parla correntemente di *previsioni*, normalmente si intende: *previsioni puntuali.*

Per esempio, data la serie dei tassi di rendimento USA in 12 mesi fino al 20.01.2011:

ci si può porre la domanda legittima del livello a cui potranno essere i medesimi tassi, per esempio, il 3.2.2011. Questa è la domanda che si pone continuamente il tesoro americano per mettere a budget la spesa per interessi pagati ai cittadini, alle banche ecc.

La previsione è puntuale, nel senso che si cerca la risposta in *un numero*, e non cambia molto il senso della faccenda se cerchiamo[1] un

---

[1] Spiegel M. R., *Probabilità e statistica*, McGraw-Hill, 1994.

intervallo di confidenza entro cui quel numero cadrà con una probabilità, per esempio, del 95%.

Per fare previsioni puntuali, prima o poi si finisce per usare sempre il medesimo protocollo: l'interpolazione con[2] il metodo dei minimi quadrati. Anche le forme più moderne di previsori (ARMA, GARCH ecc.) prima o poi ne fanno uso. Il metodo dei minimi quadrati consiste nel tracciare all'interno del grafico una linea regolare tale che la differenza tra il grafico vero e la linea che *interpola* il grafico corrisponda a un qualche criterio di minimo: si cerca, in breve, la linea che si scosta il meno possibile dai dati veri pur essendo molto più regolare – molto meno zig-zagante –: un altro modo per tentare di separare il segnale dal rumore (vedi il capitolo *Narciso*).

Con un foglio di calcolo tutto ciò è diventato molto semplice. Una volta tracciato il grafico, si clicca – selezionandolo – sullo zig-zag del grafico stesso e poi si seleziona *Aggiungi linea di tendenza*. È possibile scegliere il tipo di linea di tendenza che desideriamo inserire: retta, polinomio ecc. Per esempio, se selezioniamo la retta, otteniamo questo andamento:

---

[2] Spiegel M. R., *Probabilità e statistica*, McGraw-Hill, 1994.

Come si vede, usando la retta non c'è speranza di ottenere una corretta previsione puntuale per i giorni successivi. Le oscillazioni attorno alla retta sono infatti ingenti: si va per esempio (all'ascissa 134) dall'ordinata 3,5 a 4,2, con una variazione del (4,2-3,5)/3,5=120%, mentre intuitivamente una buona linea interpolante dovrebbe contemplare sì delle oscillazioni attorno a se stessa dovute al rumore sovrapposto al segnale, ma il concetto stesso di rumore farebbe esigere che tali oscillazioni siano ben inferiori a quelle proprie del segnale. Lo si vede anche a occhio, quindi, che la retta non è una buona soluzione, ma lo si constata anche dal valore[3] di R^2 riportato sul grafico[4], pari a 0,1441. Questo parametro misura la *goodness of fit*, quanto è buona l'interpolazione, quanto bene riproduce i dati veri, e perché sia sufficientemente buona deve essere superiore a 0,9. In questo caso quindi siamo molto lontani. È pur vero che, *by visual inspection*, si sarebbe dovuto eseguire l'interpolazione nell'ultima parte del grafico, quella cerchiata qui di seguito:

Bene: facciamolo:

---

[3] Spiegel M. R., *Probabilità e statistica*, McGraw-Hill, 1994.
[4] Come si vede sul grafico è riportata anche la equazione analitica della retta di interpolazione.

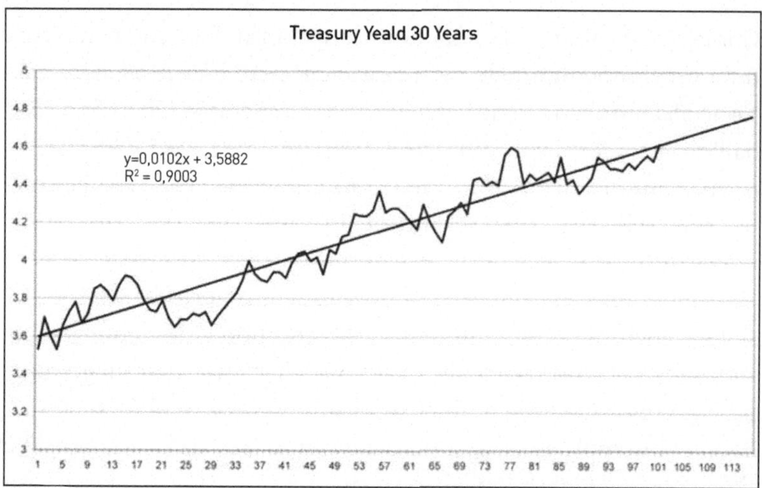

Adesso l'interpolazione è *buona*, perché R^2 vale 0,9. Memorizziamo allora il fatto che la retta ci fa prevedere un tasso di rendimento di circa il 4,78% per la data che ci interessa.

Però sulla serie originaria avremmo potuto anche scegliere linee di interpolazione diverse, per esempio un polinomio di secondo grado:

Avremmo ottenuto grosso modo la stessa previsione: 4,78% o giù di lì, ma l'interpolazione non sarebbe stata così buona, perché R^2 sarebbe stato di 0,75 circa e quindi non saremmo stati disposti a prestare troppa fede a questa previsione. Ma niente ci avrebbe impedito di usare un polinomio di terzo grado, così:

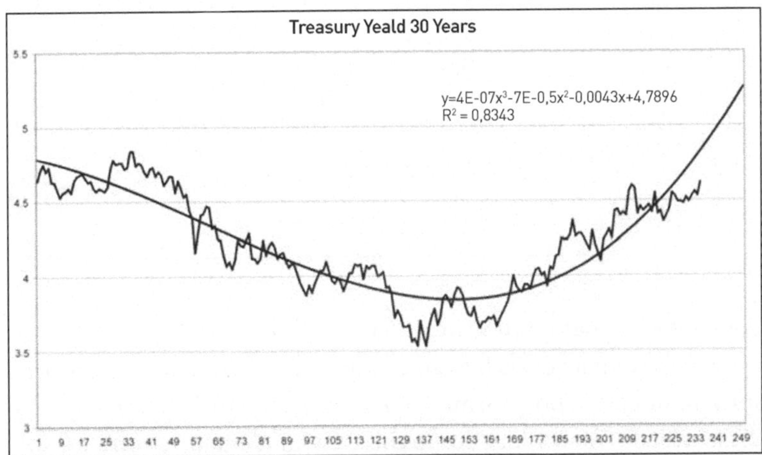

Il valore di R^2 sarebbe ancora stato insufficiente (0,8), e inoltre avremmo già cominciato a sentire gli effetti di quello che si chiama *overfitting*: per trovare una linea che interpola sempre meglio i dati che abbiamo, otteniamo un andamento al di fuori del range noto che è abbastanza poco credibile. La previsione infatti sarebbe di 5,3%, parecchio distante (+15%) dall'ultimo dato disponibile (4,62%).

Si ha *overfitting*, come è intuitivo, quando lo sforzo di adattamento della curva all'andamento dei dati finisce per interpolare anche il rumore, oltre che il segnale; normalmente questo fa innalzare parecchio il grado del polinomio interpolante, e quindi, al di fuori della porzione osservata, le potenze alte della variabile indipendente fanno di solito subire alla curva uno spike che non ha nulla a che fare con un andamento ragionevole del segnale stesso. Dunque la migliore previsione di cui disponiamo è circa 4,78%. Questo l'andamento reale nei giorni successivi:

Come vedete il dato vero è circa 4,65%, un buon 3% in meno. Se pensate all'ammontare del debito americano, differenze di questo tipo tradotte in dollari sono enormi. Pensate in particolare, in questo caso, alla felicità del Tesoro Americano che aveva aumentato le entrate fiscali per far fronte a un pagamento di interessi di un buon 3% in più e si trova a doverlo giustificare agli elettori. Ci si perdono le elezioni su

questi errori, anche se a lieto fine o proprio perché sono a lieto fine.

Tutto ciò, senza voler ricorrere all'esempio di ciò che sarebbe successo a interpolare la prima parte del grafico, quella cerchiata (vedi figura in basso a pagina precedente).

Se all'epoca avessimo usato una interpolazione su questa parte solo, sarebbe stato un disastro per il Tesoro Americano perché avrebbe approntato un budget calibrato sul 3,85% mentre da quel momento in poi i tassi avrebbero cominciato a salire fino al 4,66%, ben il 21% in più:

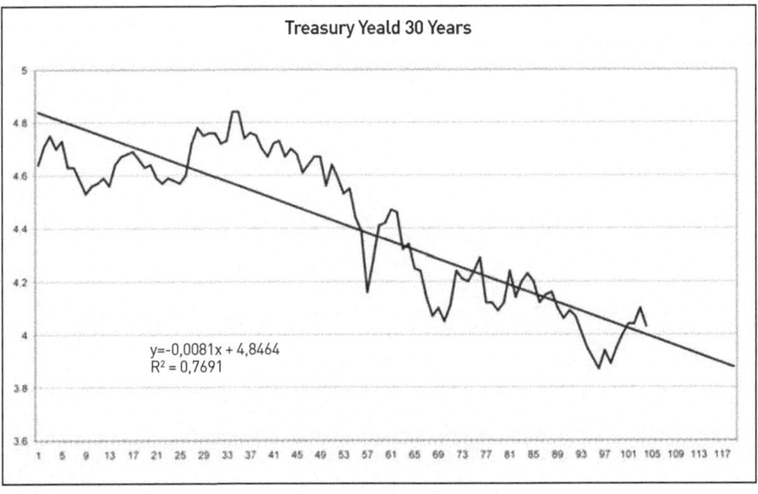

Questo in definitiva è quel che si trova sempre, o quasi, quando si vogliono fare previsioni puntuali. Non si hanno quasi altri metodi a disposizione se non quelli che si rifanno in un modo o nell'altro al protocollo dei minimi quadrati e questa è la ragione per cui esiste un diffuso e corretto scetticismo nelle previsioni fatte da istituzioni, governi ecc. L'applicazione di tale protocollo è tanto per cominciare accompagnata da incertezze sulla forma da scegliere quanto alla funzione interpolante, e comunque il risultato è sempre – come dire? – troppo regolare per essere vero.

Ultimo ma non meno importante: il protocollo dei minimi quadrati per lo più presuppone che gli errori siano i.i.d., ma come abbiamo visto questa non è la regola, bensì l'eccezione.

Occorre dunque cambiare protocollo, e una chiave ce la danno quei praticoni – sempre derisi dagli economisti (che peraltro notoriamente non ne azzeccano una) – di chi ha inventato e pratica l'analisi tecnica, come vedremo nel prossimo capitolo.

Narciso

Narra la leggenda[1] che Narciso, nato nella regione della Tespia dalla ninfa Lirione violentata dal dio del fiume Cefiso, fosse straordinariamente bello. Ostinatamente geloso della propria bellezza, non si concedeva a nessuno, e a sedici anni si era già lasciato alle spalle una schiera di amanti respinti di ambo i sessi. Chiunque si innamorava di lui, giovani e vecchi. In particolare si narra che si fosse innamorata di lui la ninfa Eco, che non poteva più servirsi della propria voce se non per ripetere ciò che udiva. Questa anomalia era una punizione inflittale da Era, la moglie di Zeus, perché Eco l'aveva tenuta impegnata affinché non si accorgesse che Zeus la stava tradendo con le ninfe della montagna. Anche l'amore di Eco per Narciso, tuttavia era destinato a rimanere insoddisfatto. Eco aveva infatti tentato di attirare l'attenzione del bellissimo Narciso in un bosco folto, mentre lui stendeva le reti per catturare i cervi, ma il modo bizzarro di parlare di Eco aveva fatto dire a Narciso, come aveva fatto in precedenza con chiunque altro: "Morirò prima che tu giaccia con me". La povera Eco si era data allora a vagare singhiozzando in valli solitarie finché, alla fine, di lei non sopravisse altro che la voce. La madre di Narciso, Liriope, quando Narciso era ancora un bambino, aveva chiesto al veggente cieco Tiresia[2] una previsione sul futuro di suo figlio, e Tiresia aveva risposto: "vivrà fino a tarda età, purché non conosca mai se stesso". Si ritiene che Tiresia intendesse *conoscere* – come diremmo noi oggi – in senso biblico o giù di lì. Sta di

---

[1] Graves R., *I miti greci*, Il Giornale, 1963.

[2] Si narra che Atena fosse molto modesta. Un giorno Tiresia la sorprese per caso mentre faceva il bagno. Ella gli posò allora le mani sugli occhi rendendolo cieco, ma lo compensò col dono della chiaroveggenza.

fatto che Narciso un giorno commise un errore: mandò in dono una spada ad Aminio, il più focoso dei suoi spasimanti insoddisfatti, e Aminio si uccise proprio sulla soglia della casa di Narciso invocando gli Dei perché vendicassero la sua morte. Artemide udì Aminio e stabilì che Narciso si dovesse innamorare, ma senza poter soddisfare la propria passione con l'oggetto del suo amore. Accadde così che un giorno, in un posto chiamato Donacone, anch'esso nella regione della Tespia, Narciso si avvicinasse a una fonte chiara come l'argento, mai contaminata da armenti, uccelli, belve o rami caduti dagli alberi e, vedendo la sua immagine riflessa nel'acqua, si innamorò perdutamente di quel bel fanciullo. Tentò di abbracciarlo e di baciarlo, accorgendosi infine che si trattava solo della propria immagine. E fu probabilmente così che Narciso conobbe se stesso in senso biblico o giù di lì. Sta di fatto che Narciso, a causa dell'impossibilità di possedere il bel fanciullo che vedeva riflesso nella fonte, si trafisse il petto con la spada mentre Eco, da lontano, ripeteva i suoi ultimi lamenti di dolore. Dalla terra intrisa del sangue di Narciso si dice che nascesse il bel fiore bianco con la corolla rossa e dal profumo penetrante che torna ogni primavera a ricoprire i prati.

Questa leggenda ci interessa perché racconta anch'essa di una profezia. A ben vedere, il suo meccanismo, come del resto il meccanismo di tutte le profezie, è quasi per definizione sempre lo stesso: estrarre un corso di eventi privilegiato da una intera rosa di possibili eventi futuri.

Nel caso di Narciso l'evento privilegiato è soggetto a una condizione (che il fanciullo non conosca se stesso), che però inevitabilmente si avvera. Parrebbe quasi una precognizione della odierna spassosa legge di Murphy che recita: "tutto quel che potrebbe andar storto… andrà storto".

Lo stesso Tiresia, in un'altra leggenda, conferma questa ineluttabilità dei vaticini che già abbiamo incontrato nel caso di Cassandra, come se il corso degli eventi che li realizza fosse – nel linguaggio della fisica – quello a minima energia[3]. Si narra infatti che in una battaglia

---

[3] È noto infatti che in fisica, tra tutti gli eventi possibili, quelli che accadono realmente sono proprio quelli a minima energia.

combattuta sotto le mura di Tebe, Tiresia predicesse che la città sarebbe stata distrutta. Le mura avrebbero resistito, disse, solo fino a che l'ultimo dei sette antichi eroi di Tebe fosse rimasto in vita e a quel punto i tebani avrebbero fatto meglio ad abbandonare la città. Tiresia aggiunse anche che, sia che i tebani avessero ascoltato il suo consiglio sia che non lo avessero ascoltato, la sua propria sorte non sarebbe cambiata: egli sarebbe morto appena Tebe fosse caduta.

E così fu, in effetti. Dunque il vaticinio, la previsione, estrae da tutti i possibili corsi futuri un solo corso privilegiato. In linguaggio moderno, potremmo anche dire che *estrae il segnale dal rumore.*

Il rumore, un po' lappalissianamente se volete, è tutto ciò che *non c'entra*, tutto ciò che il mondo sovrappone indebitamente al segnale, a ciò che davvero individua il corso legittimo degli eventi e che è tutto ciò che ci interessa.

Ricordate la simulazione dell'allevamento di polli? Quella che segue è un'altra[4] simulazione dello stesso tipo, fatta con lo stesso foglio di lavoro, e mostra le oscillazioni *ad alta frequenza* del rumore sovrapposto al trend di fondo (a bassa frequenza) che dà l'andamento *vero* (medio) della consistenza di animali nelle gabbie.

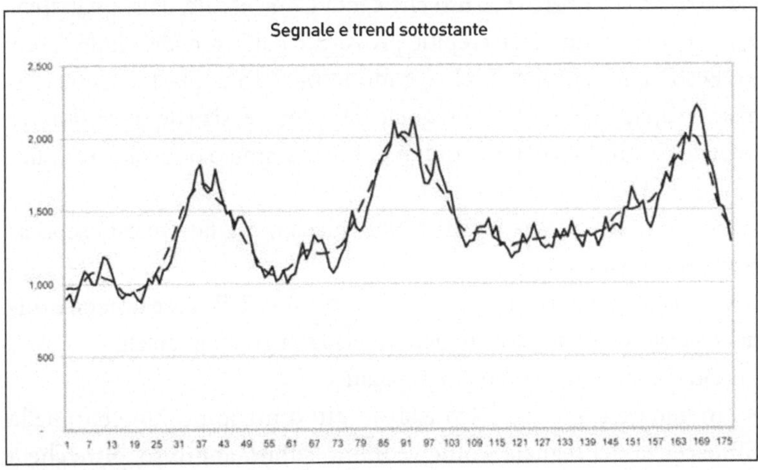

---

[4] Per cambiare la simulazione è sufficiente premere il tasto F9.

Questo processo – di estrazione del segnale da rumore – a noi moderni non è nuovo, tutt'altro. Se voi riuscite a vedere la televisione, e anche se riuscite a vedere *Ladri di Biciclette* restaurato, è perché si è imparato a operare questa separazione.

In effetti, nelle telecamere televisive l'immagine di Del Piero che tira una punizione viene tradotta in onde elettromagnetiche che vengono alla fine inviate nello spazio e captate dalla vostra parabola. Lungo il cammino però alle onde elettromagnetiche si sovrappone un rumore (anch'esso elettromagnetico) di origine diversissima: lo scintillio delle candele delle automobili, di un trapano, onde provenienti dallo spazio interstellare ecc. Tuttavia nel vostro televisore esiste un *filtro* che è capace di separare il segnale dal rumore, e quindi voi sullo schermo non vedete un fastidioso sfarfallio, ma vi viene restituita solo l'immagine pulita di Del Piero che tira la punizione (e magari fa goal nel tripudio delle gradinate!).

Lo stesso dicasi nel caso di *Ladri di Biciclette*: nel corso del tempo la pellicola si deteriora e compare sull'immagine – ci risiamo – uno sfarfallio (il rumore) che oggi si è imparato a eliminare, e l'esempio si applica identicamente all'incisione delle *Variazioni Goldberg* di Wanda Landowska o a Enrico Caruso che canta *Core 'ngrato*, dalle quali incisioni occorre eliminare il crepitio provocato dall'usura del vinile… ecc.

Ecco: la previsione, in chiave moderna, è solo questo: un meccanismo capace di separare il segnale dal rumore, sia che si tratti di un segnale elettronico o di un andamento economico o sociale o di qualunque altro tipo.

Si tratta di un pasto gratis? Noi riusciamo a fare questa separazione senza subire effetti collaterali?

La risposta è – anche intuitivamente – no. Nelle cose umane è difficile ci siano pasti gratis. In genere bisogna guadagnarseli.

Qual è allora il prezzo che si paga?

In genere un ritardo. Un ritardo più o meno pronunciato nella conoscenza del segnale, come vedremo subito appresso, oltre che a una persistente presenza, ma questa volta trascurabile, di una componente residua di rumore.

Nel caso delle immagini o dei suoni il prezzo che si paga è in genere un ammorbidimento degli angoli o dei suoni acuti, ma oggi si riesce a contenere questi effetti entro limiti quasi impercettibili se non a occhi od orecchi molto esercitati ed esigenti. Come possiamo applicare allora questi concetti all'analisi delle *time series*, delle serie storiche, siano esse di origine economica o sociale o quant'altro?

È tutto abbastanza semplice, e si fa più fatica a spiegarlo che a farlo[5].

Riferiamoci per fissare le idee a una serie di tipo economico, come potrebbero essere i prezzi di mercato di commodities come la pancetta affumicata o il succo d'arancia di *Una Poltrona per Due*, e supponiamo che i prezzi ci arrivino sotto forma digitale, per cui possiamo trattarli con dispositivi elettronici.

Tutte le volte che si affronta un mercato, come detto, il problema è un po' sempre lo stesso: individuare il trend sottostante alle forti oscillazioni che a ben vedere sono solo rumore di fondo.

Filtrare un segnale quindi, come detto, appunto, significa esattamente solo questo: cercare un modo di eliminare quel rumore di fondo e lasciare solo la tendenza... di fondo ☺.

Dalle scuole superiori forse ricorderete che il modo più semplice è usare un filtro passa-basso come quello RC.

Il filtro RC è ben noto in fisica e in elettronica elementare, e consiste in una resistenza R e un condensatore C collegati in serie. Una tensione v_{in} (ossia il segnale corrotto dal rumore) alimenta il circuito e il segnale in uscita, filtrato[6], è la tensione su condensatore v_{out}:

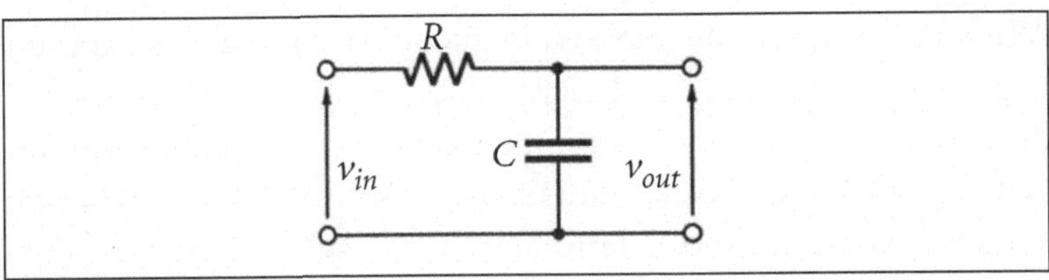

Filtro passa-basso

---

[5] Vedi foglio di lavoro *Filtro RC*.
[6] Il filtro funzione perché, come ricorderete, la tensione su un condensatore è molto bassa alle alte frequenze (che sono quelle del rumore).

La tensione in ingresso v_{in}, sarà per esempio, come detto, un segnale vocale contaminato da rumore, oppure la serie di prezzi di una commodity… o altro ancora; raccogliendo la tensione v_{out} sul condensatore con un qualche dispositivo (per esempio un altoparlante, o un oscilloscopio o altro rivelatore), si ottiene – sotto certe condizioni – una decente[7] eliminazione del rumore. Si dice che abbiamo *filtrato* il segnale e il circuito si chiama *filtro RC*.

Ora, a un certo istante, la differenza tra tensione in ingresso e tensione in uscita, indicando con i la corrente che percorre il circuito, è data dalle leggi di Gustav Robert Kirchhoff (1824-1887):

$$v_{in} - v_{out} = Ri$$

e la carica Q che si trova sul condensatore è:

$$Q = Cv_{out}$$

Ma la corrente i non è altro che la derivata della carica:

$$i = \partial Q / \partial t$$

In definitiva l'equazione che descrive la relazione tra v_{in} e v_{out} è:

$$v_{in} - v_{out} = RC(\partial v_{out} / \partial t)$$

A noi questa equazione interessa in quanto la si possa usare con un foglio di lavoro, perché sarà difficile e poco pratico che noi si disponga di un filtro RC per fare i nostri esperimenti e i nostri calcoli, quindi la dobbiamo discretizzare, e questa operazione è molto semplice ricordando la definizione di derivata:

$$v_{in} - v_{out} = RC[(v_{out} - v_{out}(-1)) / \Delta t]$$

---

[7] Ci sono ovviamente filtri molto più efficaci.

dove $(v_{out}\text{-}v_{out}(-1))$ è l'incremento subito da v_{out} nell'intervallo di tempo Δt, e quindi $v_{out}(-1)$ è il valore di v_{out} calcolato nell'intervallo di tempo che precede quello corrente. In definitiva se poniamo per semplicità

$$a=\Delta t/(\Delta t+RC)$$

abbiamo in forma compatta la formula cercata:

$$v_{out}=a \cdot v_{in}+(1-a) \cdot v_{out}(-1)$$

Questa formula è ben nota in diversi campi, e viene chiamata con diversi nomi: *first order exponential smoothing* in statistica, *exponential moving average* (EMA) in finanza ecc. Il foglio di lavoro *Filtro RC* vi consente di fare delle prove sulle quotazioni del Nasdaq[8], ma potete sostituire a tali dati ciò che più vi piace, anche quelli dell'allevamento di polli introdotto a suo tempo. Potete anche cambiare nella cella in giallo il valore del fattore a. Lo scopo dell'applicazione di un filtro RC a una serie di dati (economici, sociali, climatici ecc.) è identico allo scopo che si persegue usandolo per un segnale elettrico: eliminare il rumore, e come vedete questo accade effettivamente. Per esempio, con $a=0,2$ si ottiene:

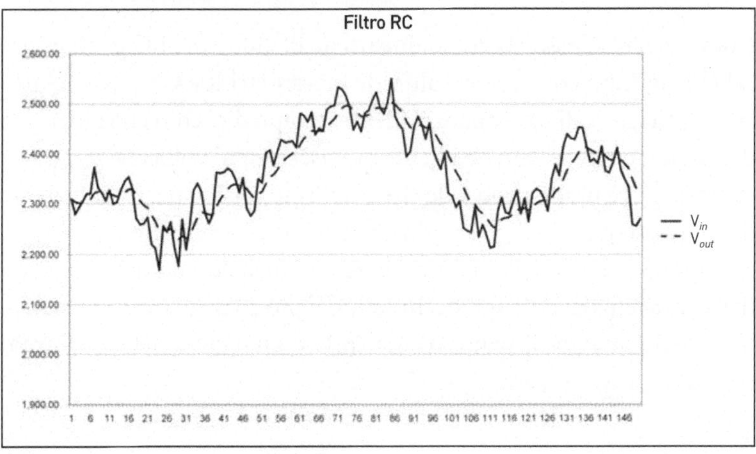

---

[8] I dati possono essere scaricati da Yahoo.

che dà un'idea piuttosto buona del trend in atto, eliminando piuttosto bene parecchie oscillazioni isteriche del dato. Vi faccio notare anche che il ritardo con cui vengono segnati i massimi e i minimi (ricordate che questo è uno dei prezzi da pagare per il pasto caldo) appare abbastanza contenuto.

Proviamo allora a cambiare il valore del parametro a (portandolo per esempio a 0,11) e a sovrapporre la nuova curva a quella vecchia, così:

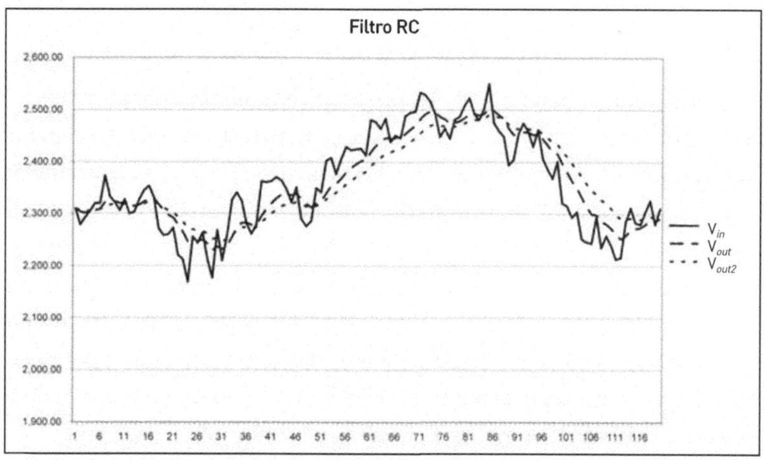

Come vedete adesso abbiamo due uscite da due filtri RC posti in parallelo, ognuno con diversi valori dei parametri R e C (ossia, nel nostro linguaggio, di a). Appare evidente a colpo d'occhio che l'incrocio di queste due linee è un eccellente previsore: ogni volta che v_{out} passa sopra a v_{out2} è molto probabile che si abbia una salita persistente di v_{in}, il contrario quando il passaggio avviene in senso inverso.

Se a v_{in} sostituite la dicitura: *prezzo di un'azione*, o del *petrolio*, o dell'*oro*, avete davanti agli occhi uno dei più popolari *trading system* usati[9] nel mercato: si acquista e si vende sugli incroci delle due *exponential moving averages*.

---

9 Di Lorenzo R., *Come Guadagnare in Borsa*, Il Sole 24 ORE, 2010. Sono stati concepiti moltissimi altri trading systems, ovviamente; uno di essi è *Donkey*, già ricordato.

Usando queste prospettive pratiche, come si vede, si è abbandonata la pretesa di fare previsioni puntuali.

Del resto: perché farle se sono di norma sbagliate? Solo per pagare le grasse parcelle degli Istituti di Ricerca? Con l'impostazione dei praticoni ci si accontenta di un programma molto più modesto, ma che in fondo è tutto ciò che spesso ci interessa.

Al management della Exxon, tanto per dirne una, l'informazione più importante da conoscere è: "il petrolio salirà" oppure "il petrolio scenderà" anche se non si è in grado di prevedere fino a che punto. Ma questa informazione è ricavabile abbastanza facilmente, per esempio, dall'incrocio di due EMA o da algoritmi simili, aggiunti alla proprietà accertata che i trend, una volta iniziati, persistono.

Fatto questo, i mercati come tante idre sono stati capaci di mettere a disposizione degli operatori tutta una serie di strumenti che consentono di ingabbiare il rischio (che comunque non è stato eliminato del tutto), tipo[10] gli stop orders ecc.

Facile, no?

No, non è facile.

Ma non è nemmeno così difficile come si pensa.

Chi dice che sui mercati non si può guadagnare, mente sapendo (o non sapendo) di mentire.

Il mercato, la Borsa in particolare, è un gioco a somma zero: per uno che perde c'è uno che guadagna. Ma non è questa la sede per sviscerare questo tema.

Però anche chi afferma così, *sic et simpliciter*, che il futuro non si può prevedere… anche lui mente sapendo (o non sapendo) di mentire.

---

[10] Di Lorenzo R., *Corinnah Kroft e le Figure Diaboliche*, Il Sole 24 ORE, 2011.

Conclusione

La scienza procede un po' sempre alla stessa maniera: una teoria giunge al suo punto più alto quando spiega tutto, quando siamo tutti tranquilli e satolli, salvo che spesso a quel punto ci si accorge di aver dimenticato di decifrare un pezzo di mondo.

Agli inizi del '900 le leggi della meccanica e dell'elettromagnetismo si potevano ormai dedurre elegantemente e semplicemente da un modesto principio variazionale: quello della minima azione[1]; era già assodato che nessun segnale può viaggiare a una velocità superiore a quella della luce … era tutto chiaro.

Tutto nel mondo macroscopico sembrava spiegato. Eppure Albert Einstein (1879-1955) era roso da un dubbio in fondo solo estetico: perché la massa gravitazionale e quella inerziale sono quantitativamente identiche, visto che si determinano con misure totalmente diverse?

Come si sa, da questo semplice dubbio è scaturita la relatività generale, forse la più grande rivoluzione intellettuale che la fisica abbia subito a opera di un uomo solo.

Mutatis mutandis, e con il dovuto rispetto e proporzione, è successo qualcosa di simile anche per il tranquillo paradigma gaussiano.

Si era ormai tutti tranquilli che il mondo fosse fatto di fenomeni casuali indipendenti, che non fosse possibile fare alcuna previsione che non fosse ristretta al campo della pura fisica, che operare sui mercati equivalesse nella sostanza a giocare alla roulette… quando ci si è accorti che la roulette poteva avere memoria e quindi che i suoi ri-

---

[1] Landau L., Lifchitz E., *Théorie du Champ*, Éditions de la Paix, Moscou, 1965.

sultati potevano essere sospettati di prevedibilità anche se il croupier era una persona degna di assoluta fede.

È a questo punto che è rientrato in gioco il vaticinio.

Abbandonato nelle brume della credulità ignorante, nel mondo della jella, dei corni di falso corallo, degli oroscopi di un qualche mago di Torre Annunziata… di colpo ha rifatto capolino procurando non pochi grattacapi ai paladini dell'illuminismo.

In fondo può essere che avesse ragione Elèmire Zolla quando scriveva[2]:

> … nel tempo di Odisseo, di Enea, tutte le loro ombre (…) sono presenti (…). Basterà che (…) essi sprofondino in quel tempo come morendo allo spazio, ed ecco, vedranno passato e futuro al modo di uccelli migratori, e non più la sola sezione che lo spazio, la dissoluzione, il divenire, vi ritaglia, e che ai profani sembra l'unico presente.

Fantasia? Certamente sì. Ma non sarebbe la prima volta che la fantasia gioca qualche scherzo a chi è troppo ragionevole.

E Cassandra, forse, è sul punto di essere vendicata.

---

[2] Elémire Zolla, *Le meraviglie della natura – introduzione all'alchimia*, Bompiani, 1975.

Ringraziamenti

Ringrazio quei pochi insegnanti avuti che mi hanno spinto a ragionare su tutto, a non dare mai per scontato il *common wisdom*.

Grazie a Marina Forlizzi e alla redazione tutta.

i blu – pagine di scienza

Volumi pubblicati

R. Lucchetti *Passione per Trilli. Alcune idee dalla matematica*

M.R. Menzio *Tigri e Teoremi. Scrivere teatro e scienza*

C. Bartocci, R. Betti, A. Guerraggio, R. Lucchetti (a cura di) *Vite matematiche. Protagonisti del '900 da Hilbert a Wiles*

S. Sandrelli, D. Gouthier, R. Ghattas (a cura di) *Tutti i numeri sono uguali a cinque*

R. Buonanno *Il cielo sopra Roma. I luoghi dell'astronomia*

C.V. Vishveshwara *Buchi neri nel mio bagno di schiuma ovvero L'enigma di Einstein*

G.O. Longo *Il senso e la narrazione*

S. Arroyo *Il bizzarro mondo dei quanti*

D. Gouthier, F. Manzoli *Il solito Albert e la piccola Dolly. La scienza dei bambini e dei ragazzi*

V. Marchis *Storie di cose semplici*

D. Munari *novepernove. Sudoku: segreti e strategie di gioco*

J. Tautz *Il ronzio delle api*

M. Abate (a cura di) *Perché Nobel?*

P. Gritzmann, R. Brandenberg *Alla ricerca della via più breve*

P. Magionami *Gli anni della Luna. 1950-1972: l'epoca d'oro della corsa allo spazio*

E. Cristiani *Chiamalo x! Ovvero Cosa fanno i matematici?*

P. Greco *L'astro narrante. La Luna nella scienza e nella letteratura italiana*

P. Fré *Il fascino oscuro dell'inflazione. Alla scoperta della storia dell'Universo*

R.W. Hartel, A.K. Hartel *Sai cosa mangi? La scienza del cibo*

L. Monaco *Water trips. Itinerari acquatici ai tempi della crisi idrica*

A. Adamo *Pianeti tra le note. Appunti di un astronomo divulgatore*

C. Tuniz, R. Gillespie, C. Jones *I lettori di ossa*

P.M. Biava *Il cancro e la ricerca del senso perduto*

G.O. Longo *Il gesuita che disegnò la Cina. La vita e le opere di Martino Martini*

R. Buonanno *La fine dei cieli di cristallo. L'astronomia al bivio del '600*

R. Piazza *La materia dei sogni. Sbirciatina su un mondo di cose soffici (lettore compreso)*

N. Bonifati *Et voilà i robot! Etica ed estetica nell'era delle macchine*

A. Bonasera *Quale energia per il futuro? Tutela ambientale e risorse*

F. Foresta Martin, G. Calcara *Per una storia della geofisica italiana. La nascita dell'Istituto Nazionale di Geofisica (1936) e la figura di Antonino Lo Surdo*

P. Magionami *Quei temerari sulle macchine volanti. Piccola storia del volo e dei suoi avventurosi interpreti*

G.F. Giudice *Odissea nello zeptospazio. Viaggio nella fisica dell'LHC*

P. Greco *L'universo a dondolo. La scienza nell'opera di Gianni Rodari*

C. Ciliberto, R. Lucchetti (a cura di) *Un mondo di idee. La matematica ovunque*

A. Teti *PsychoTech - Il punto di non ritorno. La tecnologia che controlla la mente*

R. Guzzi *La strana storia della luce e del colore*

D. Schiffer *Attraverso il microscopio. Neuroscienze e basi del ragionamento clinico*

L. Castellani, G.A. Fornaro *Teletrasporto. Dalla fantascienza alla realtà*

F. Alinovi *GAME START! Strumenti per comprendere i videogiochi*

M. Ackmann *MERCURY 13. La vera storia di tredici donne e del sogno di volare nello spazio*

R. Di Lorenzo *Cassandra non era un'idiota. Il destino è prevedibile*

Di prossima pubblicazione

L. Boi *Pensare l'impossibile. Dialogo infinito tra arte e scienza*

W. Gatti *Sanità e Web. Come Internet ha cambiato il modo di essere medico e malato in Italia*

A. De Angelis *L'enigma dei raggi cosmici*